氣候變遷之下，
—— 從選豆到萃取的全新賞味細節，——
掌握未來咖啡的品飲門道

教父級
精品咖啡
聖經

黃薇嬪 譯　堀口俊英 著

ELEMENTARY KNOWLEDGE *of*

COFFEE

深入尋味的咖啡基礎知識

　　我自 1990 年起從事咖啡相關的工作，一轉眼已經超過 30 年了。咖啡在令人著迷上癮的飲料之中，是成分最複雜、風味最多樣的，因此每個人認定「好喝」的味覺與感覺也不同。

　　但可以確定的是，美味的咖啡只會來自優質的咖啡，品質的好壞取決於栽種環境、品種、栽種方式、加工處理、篩選，甚至也包括了包裝、運輸、倉儲等流通過程。若能學會如何選出好的烘焙豆、正確萃取咖啡液、做出客觀評價，就能夠更深入地理解咖啡為何令人上癮且樂在其中。

　　現在，我已經不再經營咖啡店，轉而以舉辦咖啡試飲講座為天職。2016 年，也就是我 66 歲時，進入東京農業大學環境共生學進修博士班，2019 年畢業後，繼續留在食品環境科學研究室，與大學生和研究生一同研究「感官品評、科學數據與電子舌[1]數值的相關性」。

　　2022 年 8 月在撰寫本書的期間，我在「日本食品科學工學會」進行線上發表，卻在發表途中心臟驟停，緊急送醫。幸好我當時在大學裡，有人替我做 AED 和人工呼吸急救，因此得以奇蹟似地生還，也沒有留下後遺症、平安地出院。不過，卻因此使得這本書延遲出版，對出版社造成困擾，本人深感抱歉。

　　出版社原本是委託我寫一本以「咖啡基礎知識」為主題的書籍，後來因為種植咖啡的環境面臨巨大變動，於是又把內容改成「新的咖啡基礎知

識」，希望加入「新」資訊，包括氣候變遷導致產量減少的問題、剛果種咖啡（Coffea canephora，又稱中果種咖啡）的產量增加、亞洲圈等的經濟成長使得消費擴大、新品種的開發、厭氧發酵等處理法的測試、精品咖啡的品質三極化等等。相較於過往的咖啡書，本書從全新的角度切入，初接觸咖啡的人恐怕難以消化，然而這些內容均與時代變遷有關，希望各位讀者能夠體諒。

　　本書盡可能分析影響咖啡風味的主因，幫助各位理解咖啡的本質風味，並期許能引領讀者們享受悠遊在咖啡的世界。

2023 年吉日
堀口俊英

1　電子舌（electronic tongue）主要應用於液體分析，如法國應用於食品、製藥等；日本應用於啤酒、咖啡、清酒等；英國用來檢測工業排放廢水是否含有害物質，是模仿生物體味覺功能之圖譜辨識系統。

本書的使用方式

書中出現許多與咖啡有關的新詞彙，有不少情況需要仔細說明，
因此希望各位先瀏覽一遍，
對於文中提到的各個用語能有基本的認識。

1 關於咖啡

咖啡一詞的使用範圍很廣，而本書會區分如下：果實稱為咖啡櫻桃，脫去果肉狀態的果實稱為帶殼豆，去殼的稱為生豆，經過烘焙的生豆稱為烘焙豆，但有些時候提到生豆與烘焙豆時，會稱為咖啡或咖啡豆。

常用詞彙	水分含量	定義
咖啡		咖啡的統稱
咖啡櫻桃	65%	咖啡的果實
乾燥的咖啡櫻桃	12%	以日曬處理法曬乾的咖啡櫻桃
帶殼豆（或羊皮紙豆）		帶著內果皮的咖啡種子
溼帶殼豆（或溼羊皮紙豆）	55%	內果皮乾燥前的狀態
乾帶殼豆（或乾羊皮紙豆）	11〜12%	內果皮乾燥後的狀態
生豆	10〜12%	脫去內果皮後的種子（稱為生豆）
烘焙豆	2%左右	烘焙過的生豆
咖啡粉	2%	烘焙豆磨碎之後
萃取液	98.6%	咖啡粉用熱水等萃取出來的液體

尚未成熟的咖啡櫻桃

成熟轉紅的咖啡櫻桃

成熟轉黃的咖啡櫻桃

稍微過熟的咖啡櫻桃

咖啡櫻桃

乾燥的咖啡櫻桃

溼帶殼豆

乾帶殼豆

綠色豆（生豆）

2 關於樣本（本書使用的咖啡）

1 本書介紹的樣本，包括①日本國內市場流通的生豆、②產地的咖啡莊園與出口貿易商送來的生豆、③向進口貿易商拿到的生豆、④各種網路拍賣競標來的生豆，以 2019～2020、2020～2021、2021～2022 年採收的咖啡豆為主，也包含部分 2019 年之前的老豆。

2 樣本的生產履歷上會標示生產國、產區、品種、採收年（Crop Year），不會特別標示生豆到港的月份、包裝材質、貨櫃、倉儲倉庫和試飲日期等資訊（樣本生產者的咖啡莊園、小農、農會、水洗加工站名稱、出口貿易商、進口貿易商也均省略，因為本書的重點不在於比較各咖啡莊園所產咖啡豆的優劣，敬請見諒）。

3 關於樣本的烘焙

1 本書的樣本均為生豆。2019 年 3 月前烘焙的咖啡豆，是專業烘豆師使用 FUJI ROYAL 1 公斤烘豆機和 DISCOVERY 烘豆機（以上均為富士咖機製造）；2019 年 4 月之後的，則是我使用 PANASONIC 小型烘豆機進行烘焙的咖啡豆。文中若沒有標示烘焙度，則均為中度烘焙（Medium Roast，一般簡稱中焙）。

2 中度烘焙豆較容易感覺到酸味，也較容易理解生豆的潛力。樣本使用的烘焙度是嚴格遵照精品咖啡協會（Specialty Coffee Association，SCA）的顏色分類[2] 規定，並搭配協會販售的 SCA 色環，但平常飲用時，不同的生豆有各自理想的烘焙度（參見〈PART 3 挑選咖啡豆〉的「Chapter 8 從烘焙度挑選咖啡豆」）。

---

2 出處：CUPPING PROTOCOLS V. 16DEC2015.docx(scaa.org)。

4 關於感官品評

1 感官品評（Sensory Evaluation）[3] 如果沒有特別標註，均採用 SCA 杯測法（PART 4）進行。本書提到的感官品評是由專業評審團進行，以人類的五感當作測定器，檢測咖啡的特性與差異，屬於分析型感官品評，不是根據個人好惡判斷的主觀喜好型感官品評。

2 本書使用的樣本大多是 SCA 杯測法（參見 Part2 中「Chapter 5 認識評鑑咖啡品質的方法」的「4 精品咖啡協會的感官品評（杯測法）」）80 分以上（滿分 100 分）的精品咖啡（Specialty Coffee，SP）生

豆。此外為了與精品咖啡做比較，也採用部分 79 分以下的商業咖啡（Commercial Coffee，簡稱 CO）。

感官品評的分數，
除了因生豆的不同而有個別差異外，
到港後的倉儲期間產生成分變化等改變，也會有影響，
因此標示的分數不見得符合其他同生產國的咖啡豆。
本書的目的，不是在比較特定生豆的優劣，
而是在介紹何為優質咖啡的風味。

3 本書標示的分數，是包括：①由我創辦且超過 20 年的試飲講座評審團（n=8 等表示評審人數）的平均得分、②網路競標拍賣會評審的給分、③我個人的評分這三種。

3　一般常見的評鑑方式是 SCA 杯測法（Cupping），但本書稱為「感官品評」或「試飲（Tasting）」。

4 | 試飲講座的評審團必須符合下列條件：①精品咖啡的飲用資歷超過 3 年以上、②具備咖啡產地、處理法、品種等基礎知識、③有 SCA 杯測法的評分經驗。

5 | 美國精品咖啡協會（Specialty Coffee Association of America，SCAA）在 2017 年與歐洲精品咖啡協會（Specialty Coffee Association of Europe，SCAE）合併之前我們簡稱為 SCAA，合併之後統稱為 SCA（精品咖啡協會）。

5 關於科學數據

1 | **水分含量**
生豆樣本會以簡易水分分析儀（KETT 咖啡豆水分計 PM-450）測量水分含量。水分含量低於 8％，生豆狀態可能會產生變化，高於 13％則可能發霉。

2 | **酸鹼度（pH 值／氫離子濃度）**
酸鹼度是比較烘焙豆酸味強弱及烘焙度的參考，中焙的咖啡萃取液是 pH5.0 左右，而深焙是 5.6 左右、屬於弱酸性，數字愈低代表酸味愈強。測量環境是 25℃（誤差 ±2℃）。

3 | **滴定酸度（總酸度[4]／Titratable Acidity）**
計算方式是在萃取液中加入氫氧化鈉進行中和滴定，直到酸鹼度變成中性（pH7.0）為止，得出來的數字是咖啡萃取液的總酸度，數字愈高表示酸味愈強，也代表酸味的風味輪廓與複雜性。

---

[4] 「總酸度」是指食物中所有酸性成分的總量。

4 | 總脂質含量（Lipid）

一般來說，生豆的脂質含量大約是每 100g 有 15g 脂質，烘焙前後不會有太大的改變。用氯仿甲醇混合液（Chloroform-methanol mixed solution）萃取出脂質。脂質有黏性、滑順相連，因此也影響咖啡的質地（亦即醇厚度，Body）。

5 | 酸價（Acid Value）

用乙醚提煉出脂質，測量數值，再以酸價數字表示生豆氧化（劣化）的狀態，數字愈小表示生豆愈新鮮。

6 | 蔗糖含量（Sucrose）、咖啡因含量（Caffeine）

使用高效液相層析儀（High performance liquid chromatography，HPLC）測量。高效液相層析儀是分析溶液樣本所含多種成分的高精密度裝置。

分析用的儀器

7 | 濃度（Brix）

測量咖啡果實的糖度計，也可以用來測量其他液體的濃度，應用的原理是蔗糖水溶液的光線折射率比水大。因此，只能測量溶解在液體裡的溶質。

8 電子舌（電子味覺系統）

使用日本 INSENT 公司的電子舌分析樣本。利用電子舌的酸味、苦味、鮮味味覺系統，將咖啡的酸度（Acidity）、醇厚度、鮮度（Umami）、苦度（Bitterness）項目圖表化。圖表表示強度，無法判斷品質好壞，可用來比較屬性，但無法比較各屬性之間的強度。

電子舌

6 關於統計數據

1 分析出來的數據有差異時，會進行局部顯著性差異檢測。假設精品咖啡的脂質含量對比商業咖啡的脂質含量有顯著性差異時，表示兩者有明顯的不同，通常是以 $p<0.01$、$p<0.05$ [5] 表示顯著性差異（是指在統計學上明顯有差）。

2 迴歸分析①感官品評分數與電子舌、②感官品評與科學數據之間是否存在相關性，以「r= 相關係數」表示。一般來說，±0.9 ～ 1.0 ＝相關性極強，±0.7 ～ 0.9 ＝相關性強，±0.4 ～ 0.7 ＝有相關性，本書將 0.6 以上的情況均視為有相關性。

假設感官品評的分數與電子舌數值的相關性是 r=0.8，代表電子舌的數值可以證明感官品評的分數可信。

〈關於本書的照片〉
書中的照片大多是我造訪咖啡產地時所拍攝，因此有些是年代久遠的舊照片；此外，也有由契約莊園、具有交易往來的莊園、進出口貿易商等提供的照片。

5　P<0.05 表示有 95％以上的機率並非偶然，一般認為可信度高。

contents

沖煮咖啡

⊘⊘⊘

　　坊間已經有許多書籍介紹沖煮咖啡的方法，網路上也有不少資訊。雖然沒有明確指出哪種沖煮方式才正確，但根據最後萃取出來的咖啡液風味好壞、好不好喝來判斷也就足夠。在此之前，各位必須知道如何使用優質烘焙豆，並以適當的方式萃取咖啡。

　　我在 1990 年開了一間小規模的「自家烘豆咖啡屋」，每天使用錐形濾杯萃取超過一百杯咖啡（右手因此得了肌腱炎，改用左手練習煮咖啡）。本章是我回憶當時的經歷，歸納出咖啡萃取的重點。

1 萃取器材的歷史

將生豆烘焙完磨成咖啡粉，再萃取成咖啡液飲用，是歷經漫長歲月發展出來的方式。沖煮咖啡的方式大致上可分為：①滴濾法、②浸泡法、③濃縮咖啡機這三種。

咖啡萃取的起源，是 17 世紀伊斯蘭世界使用直火容器煮咖啡開始，例如：土耳其使用「捷茲維壺／伊比克壺（土耳其語 cezve ／希臘語 ibriki，通稱土耳其咖啡壺）」、沙烏地阿拉伯等地使用「達拉壺（dallah）」等等。

使用這類工具煮咖啡的方式歸類為「浸泡法」，咖啡店和一般家庭也普遍使用，奠定了土耳其和中東地區的喝咖啡習慣，稱為第一次咖啡文化圈，而這種方式如今仍在繼續傳承。

到了 1800 年左右，法國的樞機主教貝洛伊（Cardinal Jean-Baptiste de Belloy-Morangle）設計出上下兩層的咖啡壺，此後在天主教世界打造出第二次咖啡文化圈。

後來到了 19 世紀，法國人和英國人為了煮出好喝的咖啡，不斷嘗試各種萃取方式，終於發明出現代萃取工具的原型。20 世紀之後，陸續開發出直火咖啡過濾壺（Coffee percolator）、以玻璃容器製作的虹吸壺原型「雙層玻璃咖啡壺」、法蘭絨濾杯的前身、上下組合翻轉過濾的馬金奈塔咖啡壺（Macchinetta），以及使用蒸氣氣壓萃取的濃縮咖啡器。後來還有義大利一般家庭使用的摩卡壺（Moka Express）、法式濾壓壺（French Press）、德國美樂家（Melitta）的濾紙濾杯等問世，現在已經發展出各式各樣的咖啡萃取工具。

各種咖啡萃取工具

捷茲維壺／伊比克壺
（土耳其咖啡壺）

深焙的極細研磨咖啡粉（以前是用研缽和杵搗碎）煮滾後轉小火，煮到三次沸騰後，取表面澄清的液體飲用。

達拉壺

用達拉壺煮滾後，不過濾直接飲用。一般是不加糖，有時也會加入番紅花、肉桂、小豆蔻等煮沸。

虹吸壺的原型

上下兩個容器相連，連接處裝設金屬濾網，底下以酒精燈加熱，形成真空狀態後停止加熱，即可萃取出咖啡。

※出處：「珈琲を科学する」（用科學解釋咖啡），伊藤博，由時事通信社於 1997 出版。
※出處：「コーヒー器具事典」（咖啡器材事典），柄澤和雄，由柴田書店於 1997 年出版。

直火咖啡過濾壺

直接放在火源上煮的咖啡壺。熱水經由過濾器循環後萃取出來。若與家庭使用相比，更適合登山、露營等戶外場合。

濃縮咖啡器

用來萃取義式濃縮咖啡的工具，加入咖啡粉和水之後，從下方加熱。另外還有裝入熱水和咖啡粉後翻轉使用的馬金奈塔咖啡壺。

密封狀態的熱水會在水蒸氣的壓力推擠下急速過濾，後來發展成義式濃縮咖啡機。現在普遍使用的直火式摩卡壺（摩卡壺是義大利比亞樂堤〔Bialetti〕公司的商標名稱），熱水會經由噴嘴上升到上方的容器，透過過濾器萃取出咖啡液。

2 認識萃取液的成分

咖啡萃取液的營養成分（每 100g）

熱量 4kcal
水分 98.6g
蛋白質 0.2g
碳水化合物 0.7g

鈉 1 mg
鉀 65 mg
鈣 2 mg
鎂 6 mg
磷 7 mg
錳 0.03 mg
維生素 B2 0.01 mg
菸鹼酸 0.8 mg
生物素（維生素 H） 1.7 mg
脂肪酸總含量 0.02 mg（為推測值）

※ 出處：根據日本食品標準成分表（第 8 版）。

　　咖啡萃取液的 98.6%[6] 是水，溶質（每 100ml 咖啡萃取液所含的物質）只占 1.4%，水溶性膳食纖維（碳水化合物）0.7g，蛋白質 0.2g（包含微量的胺基酸，會依烘焙程度產生不同層次的麩胺酸的鮮味），礦物質 0.2g，脂肪酸 0.02g，此外還有單寧 0.25g，咖啡因 0.06g，微量的有機酸（檸檬酸）、梅納反應化合物（烘焙過程發生褐變反應，會產生出與生豆不同的成分）、綠原酸等。這些微量成分互相結合，就會形成複雜的風味。

　　換言之，咖啡所含的成分並不會全部萃取出來，非水溶性膳食纖維[7]和脂質（無法溶於水但可溶於有機溶媒），這些會留在萃取殘渣（咖啡渣，Coffee Ground）裡，因此萃取完的咖啡渣可二次利用，一般常見的用途包括：①將咖啡渣乾燥後用來除臭；②直接撒在院子裡驅蟲、防止雜草繁殖；③（較為費工）乾燥發酵後，當肥料使用等。

6　出處：日本食品標準成分表（第 7 版），女子營養大學出版部於 2016 年出版。
7　碳水化合物也就是多醣類，是人體消化酵素無法分解的食物成分統稱。除此之外，咖啡渣含有許多脂質（約 15%），可當作減緩地球暖化的生質燃料，在日本也正在研究能否將咖啡渣壓縮製成固體再生燃料（Solid Recovered Fuel，SRF）等，期待能夠實用化。

3 咖啡萃取液與水的關係

　　咖啡萃取的水質很重要，在日本國內各地萃取同一批咖啡豆，風味居然會有微妙的差異，推測是受到 pH 值和礦物質成分的影響。

　　下圖是用各種水萃取出來的咖啡，經過電子舌檢測出來的結果。純水、軟水和自來水，在酸味、醇厚度、鮮味、苦味、澀味、餘韻等的風味平衡相同，一般認為最適合用來沖煮咖啡。然而，鹼性的溫泉水與礦物質多的硬水，喝起來味道還可以，但卻不易嚐到形成咖啡味道輪廓的酸味，所以一般認為不適合用來萃取咖啡。

　　水的硬度 8 是由所含的鈣、鎂等礦物質成分決定。在日本，好喝的水硬度標準值是 10 ～ 100 mg /L。低硬度的水清爽但缺乏厚度，相反地，高硬度的水有厚度卻有點特殊味道。

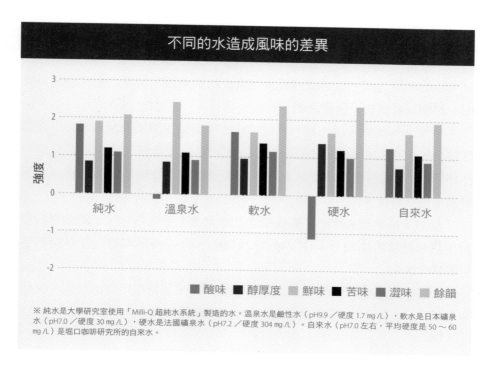

不同的水造成風味的差異

■ 酸味　■ 醇厚度　■ 鮮味　■ 苦味　■ 澀味　■ 餘韻

※ 純水是大學研究室使用「Milli-Q 超純水系統」製造的水。溫泉水是鹼性水（pH9.9 ／硬度 1.7 mg /L），軟水是日本礦泉水（pH7.0 ／硬度 30 mg /L），硬水是法國礦泉水（pH7.2 ／硬度 304 mg /L）。自來水（pH7.0 左右，平均硬度是 50 ～ 60 mg /L）是堀口咖啡研究所的自來水。

8　出處：水的硬度／廣報・廣聽／東京都水道局網站（tokyo.lg.jp）。

滴濾法與浸泡法

滴濾法
濾紙、法蘭絨、金屬濾網等

浸泡法
法式濾壓壺、虹吸壺等

　　滴濾法是採用斷斷續續注入少量熱水，藉由悶蒸的方式溶解、浸泡、過濾出咖啡成分的萃取方式，也稱為手沖咖啡。日本傳統咖啡館（喫茶店）、自家烘焙咖啡店以及一般家庭也多半採用這種方式。濾紙滴濾雖然是主流的萃取方式，但過去傳統上也有使用法蘭絨，現在則愈來愈常見使用不鏽鋼等材質的「金屬濾網」。

　　目前的傳統咖啡館和複合式咖啡店，多半是用濾紙滴濾法一杯一杯萃取咖啡，但是在 1990 年之前、昭和時代的傳統咖啡館，很少有店家是一杯杯萃取[9]，通常是用法蘭絨濾布一次大量萃取出咖啡後保溫販售，或是用咖啡機煮咖啡。

　　浸泡法最具代表性的工具就是法式濾壓壺、虹吸壺等，是將咖啡粉浸泡在熱水裡萃取出成分。在 1980 年代以前，有許多日本傳統咖啡館都是使用虹吸壺。

　　「法式濾壓壺」在我開始從事咖啡工作時，通常是用來泡紅茶（又稱沖茶器），但在 2000 年之後便逐漸用來泡咖啡了。

9　在半磅（約 227g）或一磅咖啡沖架上裝好法蘭絨濾布，每 200 ～ 250g 的咖啡粉約沖煮出 3L 的咖啡液，也可由此推算當時在傳統咖啡館喝咖啡的人數（咖啡生豆現在也依舊是以磅為單位計價交易）。

5 咖啡萃取的第一步

　　萃取（extraction）是指磨碎的咖啡粉注入或浸在 85～95℃的熱水等，溶解或浸泡出咖啡的好成分，製作出適合飲用的咖啡液。好喝的咖啡必須均衡溶解有機酸帶來的酸味、蔗糖帶來的甜味、梅納反應化合物等帶來的苦味與醇厚度。

　　咖啡的風味會受到①粉粒粗細（粒徑）、②粉量、③熱水溫度、④萃取時間、⑤萃取量的影響，當萃取條件相同時，假如「粉細、粉量多、熱水溫度高、萃取時間長、萃取量少」，成分的溶解度就會提高，液體的濃度（Brix）[10] 也會提高，就能沖煮出濃縮風味。

　　因此，在萃取咖啡時，基本原則是要了解符合個人喜好的咖啡粉粒徑、粉量、熱水溫度、萃取時間和萃取量，才能夠煮出理想的咖啡風味。

粉量
一人份至少用 15g 的咖啡粉比較容易呈現風味，總共等待約 90～120 秒，萃取出 120～150ml。兩人份則是用 25g，等待 120～150 秒，萃取出 240～300ml。

熱水溫度與萃取時間
85～95℃是最適合萃取的溫度。只不過熱水溫度與萃取時間會交互影響，95℃等待 150 秒萃取出的咖啡液，與 85℃等待 180 秒萃取出的咖啡液濃度相近。熱水溫度低至 80℃時，萃取液的溫度會偏低，因此要盡量維持在 90℃以上。

粉粒粗細（粒徑）
不管任何烘焙度，當咖啡粉的粗細保持一致時，萃取出的風味才會穩定，因此要挑選粒徑均一的磨豆機。粒徑小會增加成分的溶解度，尤其是會增加苦味。

10　Brix 表示每 100g 溶液中溶有多少 g 溶質的質量百分比。

比較不同條件的萃取

　　使用法式烘焙（pH5.7）豆，分別改變粉量、萃取時間、粒徑、萃取量進行萃取。基本條件是使用中研磨粉 15g、總共等待 120 秒、萃取 150ml，但有些條件彈性改變也沒關係，只要是優質的烘焙豆並依照下表的條件進行萃取，就能夠沖煮出好喝的咖啡。各位也可以試試不同烘焙度的咖啡豆，找出自己喜歡的濃度。

固定烘焙度、改變其他條件後，將如何影響萃取濃度							
改變粉量		改變萃取時間		改變粒徑		改變萃取量	
120秒 150ml	Brix	15g 150ml	Brix	15g120秒 150ml	Brix	15g 120秒	Brix
10g	1.00	90秒	1.25	細研磨	1.55	120ml	1.65
15g	1.45	120秒	1.45	中研磨	1.45	150ml	1.45
20g	1.65	150秒	1.50	粗研磨	1.25	180ml	1.10

一般認為「中研磨粉 15g、總共等待 120 秒、萃取 150ml」的咖啡風味，會有恰到好處的平衡。

6 各種濾杯

　　近年來搭配濾紙使用的濾杯類型愈來愈多樣化，形狀大致可分為梯形和錐形。梯形濾杯包括底部單孔與三孔的設計，兩種的構造都是可積蓄熱水，是滴濾法加上浸泡法的原理，還有一種是平底波浪濾杯[11]。

　　保水性是受到濾杯內側有無凹凸起伏溝槽（又稱為「肋骨 rib」）及溝槽長度影響；注入的熱水主要會流向底部，但也有一部分會從濾杯側面流下。

　　梯形濾杯與錐形濾杯的溝槽不同，理論上溝槽較長的設計，能夠產生熱水通道，所以落水速度快；短溝槽的落水速度慢。但是萃取者只要調整萃取速度（改變注入的熱水量和萃取時間等），風味就不會有太大的差異。

　　以濾紙滴濾時，熱水的注入方式可控制風味，所以濾杯的形狀對於風味的影響，相較於咖啡豆的烘焙度和粒徑等並不大。濾杯種類應有盡有，只要挑選自己喜歡的款式使用即可。

　　只要有適合的濾杯，多數咖啡成分會在約 1/3 的前段咖啡液中萃取出來，在這之後的萃取液顏色會愈來愈淡，成分也不再溶於水裡，所以滴濾時請注意觀察萃取液的顏色。

梯形

錐形

平底波浪形
（底部有三個小小的萃取口，可以維持穩定的萃取速度）

11　圖片中的是 Kalita Wave 三孔蛋糕型濾杯，是玻璃材質的濾杯搭配波浪狀的專用濾紙。

各萃取階段的風味差異

　　使用 25g 的粉（城市烘焙），分成開頭 100ml、中間 100ml、最後 100ml 的三階段萃取，可看到各階段萃取液的顏色不同。接著用電子舌測試三種萃取液可知，開頭 1/3 會出現強烈的酸味、醇厚度、苦味，中間 1/3 可萃取出一半以上的成分，最後 1/3 沒有太多可溶性成分（因此也有人最後 1/3 不萃取，直接朝萃取液中加熱水增量）。不過若是優質的精品咖啡，就算萃取到最後，也不會出現雜味，因此不需要省略最後 1/3。

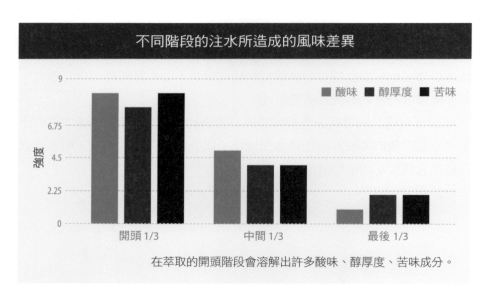

不同階段的注水所造成的風味差異

圖例：■ 酸味　■ 醇厚度　■ 苦味

（縱軸：強度，刻度 0、2.25、4.5、6.75、9）

（橫軸：開頭 1/3、中間 1/3、最後 1/3）

在萃取的開頭階段會溶解出許多酸味、醇厚度、苦味成分。

從左到右依序是開頭 1/3、中間 1/3、最後 1/3。

採用廠商建議的沖煮法

　　萃取使用的濾杯種類很多，沖煮方式也形形色色，無法一概而論哪種方式最正確，以結果來看，只要能夠萃取出好的成分，沒有負面味道（極端的酸味、苦味、澀味、濁味等）就是好工具。不過，最重要的還是要使用優質的烘焙豆。

　　生豆在烘焙過程中，水分會蒸發、使得細胞組織收縮，繼續加熱會使得生豆內部膨脹，形成蜂巢狀的空腔（多孔隙結構），此時咖啡的成分也附著在這些空腔的內壁上，封住二氧化碳。而萃取的過程，是利用熱水溶解附著在內壁的成分，軟化構成空腔的纖維素並溶解其成分。

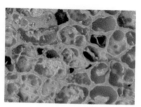

　　因此，只要烘焙豆的品質夠好，煮出來的咖啡自然就會好喝。萃取咖啡時，我們可以先參考濾杯製造商推薦的沖煮方式進行。另外，如果咖啡豆是新鮮（剛烘焙完）或烘焙度夠深（去除的水分較多），磨粉後會吸水膨脹，所以熱水必須多花點時間才能夠滲透咖啡粉。

750 倍的電子顯微鏡看到的多孔隙結構；孔隙內充滿二氧化碳，也鎖住了可溶性物質

廠商推薦方法的範例

日本 Kalita

首先緩緩注入 30ml 92℃的熱水，等待 30 秒，第二階段像在畫「の」字一樣，熱水繞三圈注入。第三～四階段與第二階段一樣，畫「の」字注入熱水。

德國 Melitta（美樂家）

濾杯內側的溝槽設計可用來控制熱水流量，咖啡經過悶蒸後，一次注入全部的熱水。可依照個人喜好調整咖啡豆用量和熱水溫度。

日本 HARIO

注入 93℃的熱水，悶蒸 30 秒之後，在 3 分鐘之內萃取完畢。標準比例是 10 ～ 12g 粉萃取出 120ml 咖啡液。

8 本書推薦的咖啡沖煮法

本書是以錐形濾杯萃取為基準，熱水溫度的標準是 90 ～ 95℃（一開始接觸到粉的溫度），萃取的前半段每次注入 30ml 熱水。

萃取的後半段注入的水量增加到 50ml 左右，總共等待 180 秒，萃取出 300ml 咖啡液。在熟練之前，萃取時間或許難以準確掌握，但是只要經常練習，就能夠準時完成萃取。

本書推薦的
萃取方式

練習的比例是一人份使用 15g 粉（城市烘焙），總共等待約 120 秒，萃取出 150ml 咖啡液。請務必使用計時器和磅秤。一人份萃取的粉量少，想要煮出穩定的風味需要一些技巧，所以剛開始從兩人份進行練習比較容易。兩人份是使用城市烘焙中粗研磨粉 25g，總共等待約 180 秒，萃取 300ml 咖啡液。

1 │ 中研磨粉 25g（兩人份）抹平。

2 │ 注入 30ml（事先檢查 30ml 是多少量）90 ～ 95℃的熱水，讓水滲透粉。

3 │ 等待 20 秒，讓粉的成分溶解出來。

4 │ 繼續注入 30ml 進行萃取，再度等待 20 秒，反覆 30ml、30ml 的注入（最後是 50ml）。

9 堀口咖啡研究所講座 採用的萃取法

萃取的最終目標是考慮粉量與時間，控制並注入適量的熱水，隨心所欲沖煮出想要的風味。

萃取技術的關鍵有以下三點：①能夠在固定的位置注入適量熱水嗎？②能夠萃取 10 次、每次都煮出同樣風味嗎？③能夠使一人份與四人份的萃取液風味相同嗎？假如能夠做到以上幾點，就等於擁有專家級的水準了。

| 1 | 使用城市烘焙中研磨粉 25g，將粉抹平，斷斷續續注入 10ml 的熱水。

■熱水滲透粉、溶解成分的過程。熱水能夠流動並滴落，就是注入太多熱水了。

| 2 | 讓濃郁的第一滴咖啡液，在大約過了 20 ～ 30 秒後滴落下來。

■第一滴落下的時間，對風味影響很大。

| 3 | 再來注入 30ml 的熱水，等待 20 秒，再次注入 30ml，反覆這個過程。

■溶解的成分逐漸滲出、滴濾的過程，到此總共等待 90 秒，萃取出約 100ml 咖啡液。

| 4 | 控制萃取量與萃取時間，最後總共等待 150 秒，萃取出 240ml 咖啡液。

■調整適當濃度的過程。最先注入的熱水溶解出咖啡粉表層的成分，萃取出的液體更進一步滲透底層的粉，繼續溶出成分。

每個人的注水量與注水時機都會影響手沖咖啡（滴濾法）的風味差異。練習時必須盡量保持相同風味，抓住屬於自己的萃取感覺。

⑩ 用法蘭絨濾布沖煮咖啡

法蘭絨濾布也可以採用與濾紙濾杯相同的方式進行萃取。法蘭絨濾布是側面流出的熱水量少，蓄積在底部的熱水量多，所以較容易煮出高濃度的咖啡。

單面絨毛的法蘭絨濾布要將絨毛那面朝外，注入熱水後絨毛豎起，熱水就不容易從旁邊流失，有助於保水（也有一派認為絨毛反而應該朝內），因此想要沖煮出有醇厚度的萃取液時，法蘭絨濾布會比濾紙濾杯更適合。

法蘭絨濾布的保存方式

一般要浸泡在水裡避免法蘭絨濾布乾燥，而且要適度換水。長時間不使用時，可以裝進塑膠袋裡放冰箱冷凍庫保存。

要萃取咖啡之前，拿毛巾等按壓，吸乾法蘭絨濾布的水分；法蘭絨濾布含的水分會影響咖啡粉的保水性，水分太多，熱水就會提早滴落下來。法蘭絨濾布的使用次數愈多絨毛會減少，降低保水性，所以大約使用 40 ～ 50 次之後就要更換。法蘭絨濾布的水分含量、使用頻率、還有烘焙豆的鮮度（二氧化碳含量多的咖啡粉才會膨脹）都會影響咖啡風味，所以也有人認為法蘭絨濾布比濾紙濾杯更難保持風味一致。

此外，新拆封的法蘭絨濾布使用前要在滾水裡煮約 5 分鐘，煮去黏滑物質。

使用 15g 法式烘焙的粉，總共等待 120 秒，萃取出 150ml 咖啡液。
兩人份則使用 25g 的粉，總共等待 180 秒，萃取出 300ml 咖啡液。

| 1 |

法蘭絨濾布是泡
在水裡保存，必
須先輕輕擠出多
餘水分。

| 2 |

輕輕擠乾的法蘭
絨濾布用乾毛巾
包好，輕拍毛巾
表面吸乾水分。

| 3 |

把 15g 中研磨的
粉裝進法蘭絨濾
布，對著中央劃
圈（約 50 元 硬
幣的範圍，等到
熱水逐漸滲透至
側面的粉）注入
90 ～ 95 ℃ 熱 水
30ml，等待 20 秒。

| 4 |

再次注入 30ml，
等待 20 秒，反覆
這個步驟。

| 5 |

總共等待 120 秒，
萃取出 150ml 咖
啡液。增加粉量，
減少注水量，拉
長萃取時間，進
行調整，就能沖
煮出更濃的咖
啡。

法蘭絨濾布必須泡在水裡保存，不能讓它
乾燥。

11 用聰明濾杯沖煮咖啡

只要有固定的手沖咖啡配方，聰明濾杯（Clever Dripper）煮出來的咖啡風味很少有偏差，新手也能夠穩定萃取，可上網購買使用方便的臺灣製濾杯。不需要滴濾法的技巧，只要讓濾杯裡的咖啡粉浸泡在熱水裡，因此這項工具的萃取方式歸類為浸泡法。

在一般家庭或複合式咖啡店等，可以在萃取咖啡的同時進行其他工作，很方便。此外，也便於使用在同時萃取許多樣本、比較風味。

15g 的粉注入 180ml 的熱水，攪拌 3 次，
等待 4 分鐘，萃取出 150ml 咖啡液。

1 在濾杯中裝上濾紙，準備 15g 中研磨粉，一口氣注入 180ml 95℃的熱水。

2 新鮮的深焙咖啡粉注入熱水後，就會大大膨脹，注水後輕輕攪拌 3〜4 次。

3 等待 4 分鐘，把濾杯架在玻璃壺或杯子上，接住滴落的萃取液。

用法式濾壓壺沖煮咖啡

法式濾壓壺（frence press）也稱為法國壓或法式壓壺。在容量 350ml 的壺中裝入 15g 的粉，注入 180ml 的熱水（粉量、熱水量和萃取時間等條件，都可以配合個人喜好調整）。

深焙的咖啡豆表面往往會滲出微量油脂，這個油脂也會進入萃取液，因此有人認為法式濾壓壺萃取，會比濾紙濾杯的醇厚感（黏性、滑順）更強。但因為咖啡液中混入了微粉，所以不該以醇厚形容，也有人反而不習慣這種油脂，更何況這種醇厚感也不是烘焙豆內含的脂質溶解出來所造成（與義式濃縮咖啡不同，義式濃縮咖啡經過加壓萃取，所以會溶解出微量的脂質，屬於高濃度咖啡）。

此外就是微粉穿過金屬濾網的量也比濾紙濾杯多，所以萃取液偏混濁。對於不在意微粉和油脂的人來說，法式濾壓壺可說是最方便的萃取工具。

> 15g 的粉注入 180ml 的熱水，等待 4 分鐘，萃取出約 150ml 咖啡液。

| 1 | 容量 350ml 的容器裝入 15g 粗研磨粉。

| 2 | 約 90～95℃的熱水注入一半（約 100ml）。新鮮咖啡粉、深焙咖啡粉一注水就會膨脹，所以要拿湯匙攪拌 2～3 次，再注入剩下的 80ml 熱水。

| 3 | 等待 4 分鐘，慢慢壓下濾壓網過濾出咖啡液。

沖煮咖啡　**31**

13 用金屬濾網沖煮咖啡

　　現在有愈來愈多人以金屬濾網取代濾紙。金屬濾網的材質有不鏽鋼、純金電鍍等，網孔的粗細有細微差異（雙層濾網等）。我為了預防濾紙臨時用完，所以準備了一個不鏽鋼金屬濾網備用，但風味和質地與濾紙的萃取液有微妙的差別。金屬濾網基本上與法式濾壓壺一樣，萃取液容易會混入微粉，造成混濁。此外，烘焙度深的咖啡豆表面油脂也與法式濾壓壺一樣，會通過金屬濾網，所以有時萃取液表面會有微量的浮油。只要不排斥這種口感，金屬濾網很方便，但如果不喜歡混濁感的人就不適合了。

　　一般而言，金屬濾網的保水性比濾紙差，萃取液滴落的速度快，所以適合高溫快速萃取。只不過網格一旦塞住，後半段的熱水就會很難滴落下來，因此使用頻率也會影響到萃取時間，必須經常用沸水煮過或以洗碗機清洗。

> 15g 的粉，總共等待 120 秒，萃取出 150ml 咖啡液。

| 1 | 不鏽鋼金屬濾網裝入 15g 中研磨粉。

| 2 | 注入 95℃的熱水 30ml，等待 20 秒，繼續注入 30ml，等待 20 秒。

| 3 | 反覆上述的步驟，總共等待 120 秒，萃取出 150ml 咖啡液。

用虹吸壺沖煮咖啡

　　1990 年之前是傳統咖啡館的全盛時期，許多店家都使用瓦斯爐熱源的虹吸壺萃取咖啡，極少部分家庭也會使用酒精燈熱源的虹吸壺煮咖啡。在 1990 年之後，濾紙濾杯的手沖咖啡開始在傳統咖啡館普及，使用虹吸壺的店家也因此減少。

　　但是到了 2007 年之後，日本精品咖啡協會（Specialty Coffee Association of Japan，SCAJ）為推廣「日本虹吸壺咖啡師大賽」[12]，開發出虹吸壺專用的光波爐（又稱鹵素加熱器），有愈來愈多傳統咖啡館因此而重新使用虹吸壺，只不過一般家庭愈來愈少使用。

15g 的粉，總共等待 60 秒，萃取出 150ml 咖啡液。

1	下壺裝入 180ml 的熱水，上壺裝上咖啡濾器（法蘭絨濾布），倒入 15g 中研磨粉，插進下壺。
2	以酒精燈加熱，熱水就會上升到上壺，攪拌咖啡粉幾次後，等待約 1 分鐘。
3	挪走酒精燈，下壺的內壓開始下降，萃取液就會落到下壺內。

---

12 已於 2009 年正式擴編為世界級別的國際賽事，更名為「世界盃虹吸壺大賽」（World Siphonist Championship，WSC）。

使用不同工具的
萃取液濃度與風味

測量以各種萃取方式萃取出來的咖啡濃度，也用電子舌進行檢測。咖啡樣本同樣都是使用城市烘焙（pH5.4）的咖啡豆，15g 的粉萃取 150ml 的咖啡液，萃取工具是前面介紹過的錐形濾杯、梯形濾杯、不鏽鋼金屬濾網、法蘭絨濾布等，萃取量與萃取時間都相同，並且盡量以同樣方式進行萃取。

錐形濾杯與法蘭絨濾布較容易煮出高濃度的咖啡，但是注入熱水的方式就能夠改變濃度，所以這項測驗結果僅供參考。

7 種萃取方式與濃度比較			
工具	時間（秒）	Brix	風味
錐形濾杯	120	1.45	酸味和醇厚度均衡
梯形濾杯	120	1.35	餘韻略帶酸味
聰明濾杯	240	1.25	有時會殘留少許濾紙味
不鏽鋼金屬濾網	120	1.15	略帶混濁感，風味獨特
法蘭絨濾布	120	1.45	略帶酸味，風味濃郁
法式濾壓壺	240	1.35	有微粉，略帶混濁感，也可以等待180秒
虹吸壺	90	1.30	120秒的風味偏重

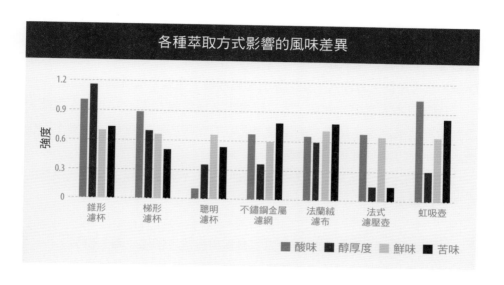

各種萃取方式影響的風味差異

強度

1.2
0.9
0.6
0.3
0

錐形
濾杯　梯形
濾杯　聰明
濾杯　不鏽鋼金屬
濾網　法蘭絨
濾布　法式
濾壓壺　虹吸壺

■ 酸味　■ 醇厚度　鮮味　■ 苦味

　　上面的圖表是以電子舌檢測七種萃取方式產生的咖啡液（城市烘焙），結果看來有些分歧。錐形濾杯和梯形濾杯的特徵是酸味，法蘭絨濾布的風味平衡；聰明濾杯的酸味弱，不鏽鋼金屬濾網、法式濾壓壺、虹吸壺的醇厚度略弱，只要稍微調整粉量和萃取時間，風味就會變得平衡。

15 手沖法與冰咖啡

2010 年左右，美國有部分自家烘焙咖啡店受到日本的濾紙濾杯滴濾法影響，開始提供義式濃縮咖啡以外的手沖咖啡。在美國稱手沖法為 Pour Over，意思是從上方注入，在全球引起風潮後，也成為咖啡師的技能之一。

因為日本人常喝冰咖啡，所以研發出各種萃取方式。2010 年左右起，受到歐洲夏季高溫（熱浪）的影響，北歐的咖啡店紛紛賣起冰咖啡；而包含美國在內的許多國家也開始喝起冰咖啡。

日本的冰咖啡通常使用苦味強的咖啡豆，不過也可以選擇法式烘焙的配方豆或單品豆。

日本傳統的單杯冰咖啡製作方式是採用急速冷卻法（兩人份），
30g 法式烘焙的粉，總共等待 150 秒，萃取出約 200ml 咖啡液。

1 | 在裝滿冰塊的玻璃杯中，一口氣倒入 100ml 熱咖啡。咖啡粉的粒徑是中研磨或中粗研磨，太細的話，苦味會太強。

2 | 冰咖啡建議使用法式烘焙豆，如果使用中度烘焙豆，酸味會變強，不夠清新明亮。

16 冰咖啡歐蕾等加牛奶的咖啡作法

製作冰咖啡歐蕾（café au lait）[13] 必須萃取出很濃的咖啡，味道才不會被牛奶壓過。使用 30g 的粉，等待共計 180 秒，萃取出約 180ml（三人份）的咖啡液，並放入冰箱冷藏。接著在裝冰塊的玻璃杯中倒入 60ml 的咖啡液，加入 60ml 的牛奶。

如果使用的是無瑕疵豆的新鮮烘焙豆萃取，咖啡液放到第二天，風味也少有變質（氧化），液體的清新明亮感也不會降低。在 2013 年，美國波特蘭「Stumptown Coffee Roasters」推出氮氣冰釀咖啡（Nitro Cold Brew）[14]，把氮氣（Nitrogen）打入冷泡咖啡裡，做出像生啤酒一樣有氣泡的咖啡液。冷泡咖啡 [15]（Cold Brew，又稱冰釀咖啡）在那段時期已經很普遍，現在市面上也經常看到許多玻璃瓶裝、寶特瓶裝的冷泡咖啡商品。

斯陶特咖啡
細緻氣泡帶來滑順的口感。雖然需要打氮氣專用的咖啡氮氣機，不過這種絲滑口感可說為冰咖啡開啟了全新風味。

冰咖啡歐蕾
重點在於要煮出風味濃郁醇厚的冰咖啡（濃度約 Brix3.0），接著再用冰咖啡加牛奶 1：1 的比例製作。

13　冰咖啡歐蕾是咖啡歐蕾冰的版本，是咖啡＋牛奶，冰拿鐵咖啡則是義式濃縮咖啡＋牛奶（見 P53）。義式濃縮咖啡的濃郁程度有 Brix10，不怕被牛奶蓋過味道。

14　氮氣咖啡又稱為「斯陶特咖啡（Stout coffee，Stout 原本是指風味濃郁強烈的黑啤酒）」，正在逐漸普及，具有類似健力士啤酒般滑順有深度的味道。

15　翻譯說明：為了避免跟「冰滴咖啡」混淆，所以這裡選擇最直觀、一看就知道做法的「冷泡」一詞。另外，「冰滴咖啡」（冰塊滴濾）、「冷泡咖啡」（跟冷泡茶一樣冷泡咖啡）均屬於「冷萃咖啡」（相對於熱水萃取的熱萃咖啡）。

17 製作冷萃咖啡

以冷水萃取咖啡（Water-Drip Coffee）是荷蘭過去的殖民地印尼所採用的萃取方式，因此冷萃咖啡也稱為荷蘭咖啡（Dutch Coffee）。起源據說是當時的人把裝著咖啡和水的布袋掛在樹上，接住滴下來的咖啡萃取液。（編輯說明：有一說為冷泡咖啡的手法確實來自荷蘭，但冰滴咖啡則否，這個起源故事是冰滴咖啡器具的廠商的行銷手法）

冷萃咖啡需要專門的工具，日本部分傳統咖啡館有提供。將冷水像點滴一樣緩緩滴在偏細研磨的粉上，大約需要八個小時慢慢萃取（冰滴咖啡）。

最近市面上也出現愈來愈多簡易的冷萃咖啡工具，把粉裝在茶包袋裡浸泡冷水，也能夠簡單完成（冷泡咖啡）。比例是 10g 的粉加入約 100ml 的冷水進行萃取。冷萃咖啡能夠使苦味變柔和，但香氣也就相對較弱些。

營業用的冷萃咖啡工具

只要加入咖啡粉和水，就能夠輕鬆做出冷泡咖啡

18 挑選專用的手沖壺

　　滴濾法若有專用的手沖壺會更方便，只要能夠對準目標位置注入適量熱水，就是一款好的手沖壺。

　　把茶壺、快煮壺煮滾的熱水裝入手沖壺裡，水溫就會降至 96℃左右。第一次注水的熱水接觸到咖啡粉的溫度，大約是 93 ～ 95℃左右，接下來熱水溫度會逐漸下降。手沖壺不要選擇太重的款式會比較順手，我推薦容量在 0.7 ～ 1L 的產品。

　　我在傳統咖啡館煮了大約十五年的咖啡，對於手沖壺有個人的堅持。我經常使用的是 YUKIWA（三寶產業〔股〕）手沖壺，外型彎曲的注水口方可以更精細的掌控水流，此外，Kalita 的銅製手沖壺也是我的常用款式。

手沖壺　　　　　　　快煮壺

19 挑選磨豆機

買咖啡最好盡量購買完整的烘焙豆。有些人嫌自己磨豆太麻煩，可是磨豆時的香氣聞起來真的很舒服愉快。

咖啡粉的粒徑對一杯咖啡的風味影響很大，因此要選擇能夠研磨出均勻粒徑的磨豆機，尤其是可調整顆粒粗細的電動磨豆機最理想，手搖磨豆機則選擇能夠磨出穩定粗細的款式。

以價格來說，最便宜的是螺旋槳刀刃的筒形電動磨豆機；其磨豆方式是螺旋槳旋轉打碎咖啡豆，很容易造成粗細不均勻，因此打到一半一定要搖晃混合一下咖啡粉，而且要事先決定好研磨時間是「幾秒」。

我們大學研究室使用的是價格相對便宜的義大利製迪朗奇（DeLonghi）KG366J 電動磨豆機。這臺磨豆機可磨出家用濃縮咖啡機需要的細度，也能夠研磨出適合手沖的最粗粒徑，相當方便。

堀口咖啡研究所使用的則是商業型的 FUJI ROYAL R-440 磨豆機，作為輔助機使用的 FUJI ROYAL 小富士磨豆機、Kalita NICE CUT 磨豆機，都算得上是家用款式中最頂級的磨豆機。這兩臺也適合一般小型傳統咖啡館、複合式咖啡店使用。

手搖磨豆機的類型也是琳瑯滿目，各位可以依照個人喜好挑選。只要有一臺性能好的手搖磨豆機，一人份咖啡用 15g 烘焙豆研磨約 45 秒，兩人份咖啡用 25g 烘焙豆研磨約 75 秒即可。

圖中是各式各樣的手搖磨豆機,性能好,能夠很輕鬆地磨碎咖啡豆

從左到右依序是:迪朗奇 KG366J 電動磨豆機、Kalita NICE CUT 磨豆機、FUJI ROYAL R-440 磨豆機、HARIO V60 簡約電動磨豆機 [16]

16 翻譯參考:名稱參考自日本品牌 Hario 臺灣代理商官網 https://www.hario.com.tw。

20 咖啡粉的研磨粗細

咖啡粉的顆粒大小，稱為「研磨粗細度」或「粒徑」。

粒徑大致可分為「極細研磨」、「細研磨」、「中研磨」、「中粗研磨」、「粗研磨」這五種。粒徑愈細愈容易萃取出咖啡的成分，因此咖啡液的濃度高且苦味強；相反地，粒徑愈粗愈不容易萃取出咖啡的成分，所以咖啡液的濃度低且苦味弱、酸味強。不同的烘焙度適合的粒徑也不同，剛開始固定一種粒徑，等到沖煮咖啡的技巧熟練之後，再進行微調即可。

堀口咖啡研究所使用的粒徑粗細，設定為 50％的咖啡粉能夠通過孔徑 1 公釐的篩網。此外，大學進行分析用的是 40 mesh[17] 的篩網（亦即每平方英吋有 40 格網格，與製作蕎麥麵用的篩網粗細相同），因此若要弄得很細會相當麻煩。

照片是中粗研磨的咖啡粉。即使同樣稱為中粗研磨粉，各公司行號、各店家的粒徑也相差甚遠。自己在家每次都研磨成同樣粗細，就能夠維持一定的風味。

17　翻譯說明：一般常見篩網網目粗細稱「目」，事實上有「目」和「mesh」兩種單位，兩者的差異在於「目」是每平方寸（臺寸 =3.03cm）的格數，「mesh」是每平方寸（英吋 =2.54cm）的格數。在臺灣的專技高考藥劑學、交通部航管局筆試中都有出現「mesh」這個單位，所以這裡也保留 mesh。

極細研磨

顆粒大小最細,呈現粉末狀,適合濃縮咖啡機、伊比克壺(Turkish Ibrik Coffee,土耳其咖啡壺)使用。要研磨到這麼細需要專業的磨豆機,而且萃取出來的咖啡液非常濃烈且苦味明顯。

細研磨

顆粒大小約是細砂糖的程度。與熱水接觸的表面積大,成分可盡快溶解出來,因此酸味少、咖啡液濃烈且苦味強。適合冷萃咖啡(荷蘭咖啡)、摩卡壺(Macchinetta,直火義式濃縮咖啡壺)等。

中研磨

粗細大約是比二號砂糖細、比細砂糖粗,是最普遍使用的粒徑。苦味與酸味均衡,可用於各種萃取方式。美式咖啡機、虹吸壺、法蘭絨濾布、濾紙濾杯等皆適合。

中粗研磨

顆粒略粗,可用於需要花點時間慢慢萃取的方式,例如適合把粉浸泡在熱水裡的浸泡法,咖啡喝起來清爽。粗研磨咖啡往往苦味少,酸味較明顯。深焙豆以濾紙濾杯或法蘭絨濾布萃取的話,咖啡會有柔軟溫和的苦味。適合法式濾壓壺、直火咖啡過濾壺、大容量的美式咖啡機。

粗研磨

適合用法蘭絨濾布萃取 250g 或 500g 咖啡粉時使用。粉量多的時候,如果粒徑偏小,熱水不易滴落,就會導致咖啡苦味過強。

1　品嚐義式濃縮咖啡

　　我在 1990 年開業時，傳統咖啡館和自家烘焙咖啡店幾乎都還沒有提供義式濃縮咖啡。我為了製作義大利餐廳營業要用的義式濃縮咖啡（義大利文 Espresso），採購了 Astoria 的義式濃縮咖啡機，但當時日本知道「什麼是義式濃縮咖啡」的咖啡相關業者少之又少，我不得已只好頻頻飛往義大利考察。

　　最後我發現這種咖啡，不管用任何種類的咖啡豆或烘焙度，只要符合「機器快速萃取出來」的條件，就是義式濃縮咖啡（英文稱為 Express），也是最適合一天快煮五百杯咖啡的萃取方式。

照片上是丹麥的自家烘焙咖啡店（上），以及日本的自家烘焙咖啡店（下）。

　　當時義大利普遍使用阿拉比卡種＋羅布斯塔種（剛果種的突變種，請見 Part3）的配方豆，所以我起初是用印尼的爪哇羅布斯塔種做配方豆，最後決定全部使用阿拉比卡種。因為日本的水是軟水，與義大利的水不同，烘焙度一旦偏淺就很容易產生強烈的酸味，於是我選用法式烘焙的阿拉比卡種。隨後我前往多家義大利餐廳和法式餐廳，使用他們店裡的機器，配合老闆喜好的風味調整配方豆。

　　試驗的結果發現，只要使用新鮮的優質烘焙豆萃取，就能夠煮出美味的義式濃縮咖啡。

2 義式濃縮咖啡是高濃度的咖啡

在日本，傳統咖啡館等的手沖咖啡形成一種典型的萃取文化，但是世界各地咖啡消費國與生產國的複合式咖啡店、自家烘焙咖啡店，更常使用濃縮咖啡機。這是受到自家烘焙咖啡店，如義大利的 Bar 和義大利餐廳（飯後來一杯義式濃縮咖啡的習慣）、起源於美國西雅圖的星巴克等 [18]，以及 2000 年後舉辦世界咖啡師大賽（World Barista Championship，WBC）[19] 的影響。

迪朗奇 MAGNIFICA 全自動義式咖啡機。

義式濃縮咖啡不是苦咖啡，而是高濃度咖啡。義大利的義式濃縮咖啡基本萃取方式是 7g 的粉以 30 秒時間萃取 30ml（1 秒 1ml）。因為施加 9 個大氣壓力，所以相較於濾紙濾杯滴濾和法式濾壓壺的一般萃取濃度（約 Brix1.5），能夠萃取出更多可溶性成分，萃取液的濃度高達 Brix10 左右，端上桌的溫度約在 70℃。但也因為萃取快速的緣故，有機酸、咖啡因的萃取量偏少。

隨著濃縮咖啡機的性能提升，為了追求更美好的風味，一杯義式濃縮咖啡使用的粉量也隨之增加。

濃縮咖啡機是利用高溫高壓萃取（萃取濃縮咖啡的專有名詞是 extraction），將原本無法溶於水的油脂，以相當於每杯 0.1g 的程度，乳化成油滴狀萃取出來 [20]，並產生咖啡脂（crema，或稱克麗瑪）現象。另外，這層覆蓋在濃縮咖啡上方的咖啡脂，是由二氧化碳小氣泡組成，具有多種揮發性香氣物質，可以釋放豐富的香氣也能提供醇厚度。

---

18 2000 年代，與星巴克咖啡齊名的還有來自美國西雅圖的塔利咖啡（Tully's Coffee）、西雅圖貝斯特咖啡（Seattle's Best Coffee），這三大連鎖咖啡店合稱為西雅圖派。

19 在日本，咖啡師大賽是由 SCAJ 主辦，選手必須在規定時間內提供三種咖啡飲品，首先是「義式濃縮咖啡」，接著是「牛奶飲品」，最後是「創新特色飲品」。除了味覺評分之外，也會審查飲品從製作展演到服務上桌為止，所有製作過程是否適當與準確等。優勝者將會代表日本參加世界咖啡師大賽。此外，日本的 JBA（日本咖啡師協會）也會舉辦選拔賽。

20 出處：*The Complexity of Coffee*，Ernesto Illy 著，Scientific American 於 2002 年出版。

義式濃縮咖啡主要普遍於義大利、法國、西班牙等地區，但現在不只在美國、北歐、澳洲等消費國能喝到，在許多生產國也逐漸普及，這種萃取方式儼然已經成為全球的主流。

在世界各地所拍下的義式濃縮咖啡照片

羅馬（義大利）

佛羅倫斯（義大利）

威尼斯（義大利）

奧斯陸（挪威）

赫爾辛基（芬蘭）

哥本哈根（丹麥）

巴黎（法國）

波特蘭（美國）

西雅圖（美國）

3 咖啡店使用的濃縮咖啡機

濃縮咖啡機是由義大利人路易吉·貝澤拉（Luigi Bezzera）在 1901 年發明的蒸氣壓力咖啡萃取器發展而來。目前營業用的濃縮咖啡機分為半自動與全自動兩種，兩種也都有推出家用型機種。

濃縮咖啡機到了 2000 年之後急速增加，發展到 2010 年代，半自動咖啡機的種類愈來愈多。2010 年代的咖啡機穩定性顯著提

LaCimbali 的義式濃縮咖啡機。

升，功能也變得更多，例如：雙加熱系統（熱水／蒸氣用與萃取用）、萃取溫度調整（利用烘焙度改變）、可裝更多咖啡粉的手柄（或稱手把）等。此外，專用磨豆機的性能也大幅提升，像是能夠自動且正確地研磨出適當的粉量。

一般萃取方式是①使用專用磨豆機研磨出極細粉，②在沖煮把手盛裝適量的咖啡粉，③整平咖啡粉後，用填壓器把咖啡粉壓緊、減少空氣體積，④將沖煮把手裝上咖啡機進行萃取。此外，還可用附屬的蒸氣管打奶泡。

若使用半自動咖啡機，咖啡師每天早上要重新調整研磨度粗細、萃取時間、萃取量等。而全自動咖啡機只要事先設定好，一個按鈕就能夠選擇萃取量，也能夠製作加牛奶的咖啡飲品。不過，如果每天有大量的萃取需求，必須考慮連續萃取性能卓越的咖啡機；營業用的咖啡機需要另外裝設給排水設備、220V[21] 的電源以及專用的淨水器。

21　翻譯說明：這裡配合臺灣的電壓把原文「200V」改成 220V。

4 義大利的 Bar

義大利人每天早上都會先到 Bar[22]（咖啡廳）喝一杯濃縮咖啡再去上班，所以店裡通常一大早就人潮絡繹不絕。在義大利，為了調整風味平衡，讓咖啡更順口，會在有咖啡脂[23]的咖啡萃取液裡加入砂糖飲用。

威尼斯的 Bar

義大利各家 Bar 的義式濃縮咖啡萃取量也各有不同。短萃取（Ristretto）是萃取量只有 20ml 左右的濃烈濃縮咖啡，愈往義大利南部愈多人喝。標準的普通萃取（Espresso）是固定約 30ml。長萃取（lungo）是略淡的濃縮咖啡，萃取量約 50ml 左右。

Bar 的早餐

義大利有許多 BAR，一般民眾日常生活中經常光顧，甚至稱為「第二個家」，也是在地居民互相交流的場所。另一方面，在廣場四周也有許多可坐下用餐的複合式咖啡店，這種店家通常是以桌計費。[24]

22　義大利的 Bar 在大街小巷到處都有，從白天營業到晚上，可簡單吃點東西也可以喝酒。一般是先在收銀檯結完帳，再拿著收據去櫃檯點餐，咖啡師給你濃縮咖啡後，就會撕走一半收據。多數場合是站著喝咖啡，不過有些店家也會提供座位，但收費較高。
23　咖啡脂是指浮在義式濃縮咖啡表面的泡沫，細緻又有厚度，有一說法是不會立刻消失的品質最好。咖啡豆愈新鮮，二氧化碳愈多，愈容易出現漂亮的咖啡脂。
24　本篇內容參考出處：1.「イタリアの BAR を楽しむ」（享受義大利的 Bar），林茂著，三田出版會於 1997 年出版。2.《頂級咖啡吧台師傅養成術》，橫山千尋著，台灣東販於 2007 年出版。

5 普及全球的義式濃縮咖啡

從 1990 年代開始，以義大利的 Bar 為參考原型，星巴克等西雅圖派（星巴克咖啡總公司所在地）的咖啡連鎖店逐漸增加。到了 2000 年代之後，星巴克在美國咖啡業界掀起了新風潮，這股咖啡改革的風潮稱為「第二波咖啡浪潮」[25]。隨後，除了星巴克之外，芝加哥的知識分子咖啡（Intelligentsia Coffee）、波特蘭的樹墩城烘焙咖啡（Stumptown Coffee Roasters）、舊金山的藍瓶咖啡（Blue Bottle Coffee）等也開始活躍。

美國波特蘭的自家烘焙咖啡店

2010 年之後，「深入探索單品咖啡產地、品種與風味，發展義式濃縮咖啡之外的手沖咖啡，開放式的店舖裝潢風格，店裡提供無線上網等」的新型態咖啡文化勢力逐漸崛起，這種新風潮稱為「第三波咖啡浪潮」[26]。

近年來受到第三波咖啡浪潮的影響，世界各地也陸續誕生許多新興咖啡店。義式濃縮咖啡的遍布世界各地，包括日本、北歐、澳洲及咖啡生產國。現在亞洲也出現許多新型咖啡店，大多採自助式服務。

義大利派、西雅圖派、第三波派的咖啡店，在歷史與文化的角度來看迥然不同，我將差異整理成下表。當你到日本的各家咖啡店或 Bar 時，可以仔細觀察店內不同的風格。

25　第二波咖啡浪潮：1960～1970 年代為止，美國的咖啡是大量生產、大量消費與價格競爭的時代。後來到了 1982 年，以中小型烘豆業者為主，成立美國精品咖啡協會。在當時咖啡普遍低價格、低品質的時代，星巴克等連鎖咖啡店引起的咖啡改革浪潮，稱為第二波。

26　第三波咖啡浪潮：2002 年在美國精品咖啡協會（SCAA）的咖啡烘焙指南報中，翠蘇‧羅斯格（Trish Rothgeb）提出當時的咖啡新動向是「第三波咖啡浪潮」。在 2010 年左右日本媒體也經常使用這個詞，不過現在已經不太使用。

藍瓶咖啡（舊金山）

知識分子咖啡（洛杉磯）

義式濃縮咖啡文化圈大致上的差異		
比較項目	義大利派	西雅圖派、第三波派等
咖啡機類型	多半擺在吧檯內側，背對顧客萃取咖啡。	多半擺在吧檯上、與顧客面對面的位置。2010 年之後有許多店家把店內裝潢開放式空間，所以咖啡機的擺放位置也很多元。
咖啡師	男性專職擔任咖啡師的情形占絕大多數且為終身正職，但最近女性咖啡師也逐漸增加。	不分男女，有許多是兼職，受到咖啡師選拔賽的影響很大。
烘焙度	北部是中焙，南部是傾向中深焙，但還不到城市烘焙的程度，硬水使酸味不易出現。	星巴克是深焙，第三波派是中焙程度居多，不過最近也傾向中深焙。
生豆種類	多半使用阿拉比卡種與剛果種的配方豆。	多半只用阿拉比卡種。
喜好	早上基本是義式濃縮咖啡（像是米蘭），也常喝卡布奇諾咖啡。	喝拿鐵咖啡的比義式濃縮的多，此外喝花式特調的也不少。
是否賣酒	菜單上的冷飲類選項少，很多店都有賣酒。	菜單上的冷飲類選項多，很多店不賣酒。

6 在家也能享用義式濃縮咖啡

直火式濃縮咖啡萃取工具中，最有名的就是比亞樂堤（Bialetti）公司出的「摩卡壺」，也是一般義大利家庭經常使用的工具。

煮出來的咖啡雖然與利用蒸氣壓力的濃縮咖啡不同，但可用來取代價格昂貴的濃縮咖啡機。使用方法是①下壺裝水，②咖啡粉槽填入極細研磨粉，③裝上上壺，用中火煮到沸騰，④咖啡萃取液就會漸漸移動到上壺。摩卡壺煮出來的咖啡苦味很明顯，有細粉的口感。

家用的濃縮咖啡機是在家也能輕鬆沖煮濃縮咖啡的工具，參考營業用的功能打造。半自動濃縮咖啡機與營業用的一樣，在沖煮把手內填裝咖啡粉、用填壓器壓實後裝上咖啡機進行萃取。但是濃縮咖啡機需要專用的磨豆機，因此人氣並不高。

最近家用咖啡機的主流是一鍵就能選擇萃取量的全自動機種，有些款式還可用蒸氣管打奶泡，有些附有奶泡器，可以一鍵煮出卡布奇諾等含牛奶的咖啡飲品。

日本的自來水是軟水，會使得中焙豆的酸味變得太強，因此煮義式濃縮咖啡最好選擇城市烘焙到法式烘焙程度、細緻苦味與酸味均衡的咖啡豆。家用咖啡機的給水是水槽式，電壓是 110V [27]，不需要額外設置給排水設備或修改電壓。

---

27 翻譯說明：原文是 100V，這裡因應臺灣的電壓改為 110V。

7 製作義式濃縮咖啡經典飲品

有愈來愈多人嘗試在家製作卡布奇諾、拿鐵咖啡、焦糖瑪奇朵咖啡，這些咖啡都可以統稱為義式咖啡。本書使用的是迪朗奇的家用「De'Longhi MAGNIFICA S」全自動咖啡機及法式烘焙豆，可把牛奶倒進鋼杯，插入蒸氣管製作奶泡和熱牛奶。

義式濃縮咖啡

| 1 | 卡布奇諾咖啡

在容量 150ml 的加厚咖啡杯裡倒入萃取出的 30ml 義式濃縮咖啡，製作熱牛奶和奶泡，再倒入咖啡（杯子在三十年前於義大利購買）。

| 2 | 拿鐵咖啡（又稱那提咖啡）

在容量 150ml 的加厚咖啡杯裡倒入萃取出的 30ml 義式濃縮咖啡，製作 120ml 的熱牛奶再倒入咖啡（杯子是在韓國購買的青瓷）。

| 3 | 摩卡咖啡（又稱摩卡奇諾咖啡）

杯中倒入巧克力醬（或巧克力塊）與萃取
出的 30ml 義式濃縮咖啡攪拌均勻，接著
與卡布奇諾咖啡的作法相同，倒入 120ml
的熱牛奶和奶泡（杯子是義大利歷史悠久
瓷器品牌 Ginori1735 的卡布奇諾杯）。

| 4 | 瑪奇朵咖啡

瑪奇朵有渲染的意思。在杯中倒入 50 ～
60ml 的奶泡，再倒入 30ml 的義式濃縮咖
啡（照片中的小杯子購買於法國）。

| 5 | 阿芙佳朵咖啡

阿芙佳朵（義大利文：
Affogato）有「淹沒、
溺於」的意思。把香
草冰淇淋裝在玻璃杯
中，倒入萃取出的
30ml 義式濃縮咖啡。

| 6 | 冰拿鐵咖啡

把冰塊和牛奶裝入玻璃杯，倒入萃取出的
30ml 義式濃縮咖啡。

| 7 | 冰咖啡

把冰塊裝入玻璃杯，趁熱倒入萃取出的
60ml 雙份義式濃縮咖啡。

8 義式濃縮咖啡的好風味

　　放眼全世界，就會發現義式濃縮咖啡使用的咖啡豆琳瑯滿目，有的只用阿拉比卡種，有的使用阿拉比卡種＋剛果種，有些咖啡豆烘焙度從中度到法式烘焙都有，因此風味評價也沒有一定的標準。

　　影響風味的主因多半是：①水質（各國的水質不同）、②咖啡粉粒徑（研磨度）、③萃取量、④咖啡粉的填壓方式、⑤烘焙豆的種類（阿拉比卡種、剛果種等）、⑥烘焙度、⑦距離烘焙日的天數（比起烘焙完立即使用，放置一週後的風味較容易調整）等。

　　一般來講，優質風味是指巧克力（香草、可可）、花香（類似花的香氣）、果香（類似果實的香氣）等，不討喜的風味則是指麥稈（稻草）、煙燻（炙燒）、堅果（花生）等。我將個人認為的優質與劣質義式濃縮咖啡風味，整理在下一頁的表格。

阿拉比卡種

剛果種

義大利、法國、西班牙等國家習慣在 Bar（咖啡廳）喝濃縮咖啡，而其他歐洲國家、美國等比較喜歡喝加牛奶的花式特調咖啡，還有一種喝法是萃取出濃縮咖啡後加入熱水稀釋，稱為「美式咖啡」。

丹麥的咖啡店

濃縮咖啡的風味			
風味	中文	優質風味	劣質風味
Aroma	溼香氣	溼香氣強	溼香氣弱
Acidity	酸度	清爽的酸味	刺激的酸味、強烈的酸味
Body	醇厚度	濃縮感、有深度	單調平淡
Clean	澄淨度	沒有雜味，澄淨的風味	混濁、有雜味
Balance	均衡度	濃郁中隱約帶有酸味	太酸
Aftertaste	餘韻	香甜的餘韻持續	沒有餘韻
Bitterness	苦味	柔和的苦味	有刺激味、焦味、煙味
Crema	咖啡脂（外觀）	泡沫厚且持久	泡沫稀且很快消失

濃縮咖啡的風味分析

　　濃縮咖啡的風味依照使用的咖啡豆、烘焙度、粉量等而有不同。此外，將大量的粉裝入雙層濾網萃取的方式也時有所見。本驗證使用 LaCimbali 的咖啡機（LaCimbali M100-DT/2）萃取出濃縮咖啡，並以電子舌檢測。

| 1 | 使用 19g 法式烘焙豆（pH5.6），以營業用咖啡機分別進行長萃取（50ml）、標準萃取（30ml）、短萃取（20ml），再以電子舌檢測。 |

樣本		Brix	試飲
長萃取	Lungo	8.5	好香氣、明亮酸味、輕盈、苦味略強
標準萃取	Espresso	11.0	濃度平衡、舒服的苦味、明確的酸味
短萃取	Ristretto	13.8	複雜、濃郁、可可、熱帶水果味的餘韻

| 2 | 萃取高度烘焙（high roast）豆、城市烘焙豆、法式烘焙豆，再以電子舌檢測。 |

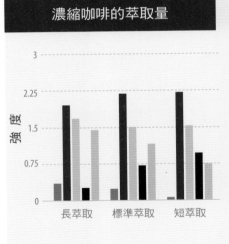

濃縮咖啡的萃取量

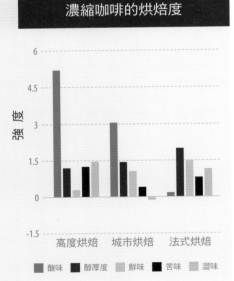

濃縮咖啡的烘焙度

■ 酸味　■ 醇厚度　□ 鮮味　■ 苦味　□ 澀味

PART
2

認識咖啡

∅ ∅ ∅

　　咖啡原料生豆的品質差異顯著。在良好環境下適當栽種、加工處理，就能夠沖煮出一杯風味絕佳的高品質咖啡，若是劣質的咖啡豆就無法帶來美好風味。

　　所以，PART 2 的主題將為大家說明咖啡品質的差異處，介紹基本知識：①咖啡是熱帶作物、②精品咖啡與商業咖啡的不同、③咖啡的科學分析、④咖啡的評鑑以及⑤咖啡的流通等。

　　認識咖啡的基本概論之後，會在 PART 3 解說各種科學成分分析資料與感官品評的分數，更進一步地幫助各位認識挑選咖啡時所需的風味。

咖啡是熱帶作物

咖啡樹是茜草科的常綠木本植物，主要自生或人工栽種在熱帶地區，我們喝的咖啡原料就是來自咖啡果實的種子。

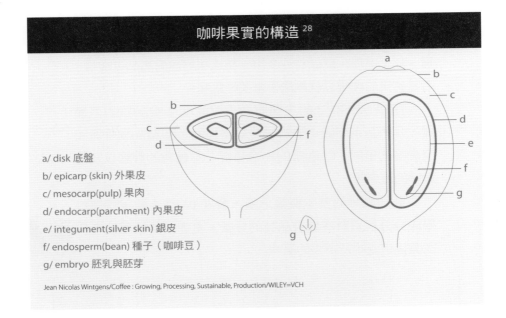

咖啡果實的構造 [28]

a/ disk 底盤
b/ epicarp (skin) 外果皮
c/ mesocarp(pulp) 果肉
d/ endocarp(parchment) 內果皮
e/ integument(silver skin) 銀皮
f/ endosperm(bean) 種子（咖啡豆）
g/ embryo 胚乳與胚芽

Jean Nicolas Wintgens/Coffee : Growing, Processing, Sustainable, Production/WILEY=VCH

果肉最外層是表皮（skin），表皮包裹著果肉（pulp）和底下厚厚一層纖維質的內果皮（parchment，又稱羊皮層），內果皮的內側附著一層

28 出處：*Coffee : Growing, Processing, Sustainable*，Jean Nicolas Wintgens 著，John Wiley & Sons Inc 於 2009 年出版。

果膠層（mucilage）。種子的表面有稱為銀皮（silver skin）的薄皮，烘焙時會脫落。咖啡的種子（embryo，胚乳與胚芽）位在這些構造內側，胚乳內含有種子發芽生長所需的碳水化合物、蛋白質和脂質等。

咖啡櫻桃

　　熱帶地區的緯度定義是指，以赤道為中心，在北迴歸線（北緯23度26分22秒）與南迴歸線（南緯23度26分22秒）之間的帶狀區域。熱帶地區的咖啡栽種地稱為「咖啡帶」，多數是高溫潮濕的地區，因為植物分化盛行，所以適合栽種禾本科作物（稻米、甘蔗等）、豆科作物、塊根作物（樹薯、甘藷）、纖維作物（棉、亞麻）、油脂作物（椰子、可可、大豆）、橡膠、辛香料作物（胡椒、薑黃）、含芳香油的作物（茉莉花、香草）等。其中也包括咖啡，但並不是所有熱帶地區都適合種咖啡，阿拉比卡種（參見 PART 3 的「Chapter 6 從品種挑選咖啡豆：阿拉比卡種」的內容）的栽種環境尤其有限。

　　咖啡樹適合生長在中美洲各國、哥倫比亞、坦尚尼亞、肯亞等的火山山麓（海拔 800 ～ 2,000 公尺高）、衣索比亞的高原、葉門的山岳地帶、年平均氣溫約 22℃ 的無霜地帶，在氣溫溫暖的巴西平原（海拔 800 ～ 1,100 公尺左右）也有栽種。

咖啡的栽種條件	
栽種條件	環境
日曬	日光充足的地方愈多愈好，不過一旦氣溫超過 30℃，光合作用就會減少，因此附近多半會種植遮蔭樹。
氣溫	最適合生長在年平均氣溫約 22℃、涼爽的高地（最低氣溫不會低於 15℃ 以下，最高氣溫不會超過 30℃ 的地區），與蜜柑等一樣，比起土壤，更容易受到氣溫的影響。
降雨	最低降雨量必須在 1,200 ～ 2,000 公釐左右。

咖啡樹的特徵 [29]	
	內容
繁殖	主要是果實繁殖，從種子發芽取得幼苗，把帶殼豆（含水量約 15 ～ 20%）種在苗床（Nursery Bed）或盆器裡培養出幼苗。我在沖繩做過發芽實驗，成功發芽的機率約 70%。
樹高	阿拉比卡種會長到 4 ～ 6 公尺高，因此需要修剪保持在大約 2 公尺，目前也有高度較矮的變異種。
開花	種子種下後，多半會在三年後開出白花，花的壽命是 3 ～ 4 天。像巴西這樣乾、雨季分明的地區會同時開花。蘇門答臘島這種降雨不規律的地方，花期則零散不一。
結果	一般在種植三年後就能夠採收，開花後 6 ～ 7 個月就會結果。
果實	海拔 2,000 公尺高的地方，有時要 4 ～ 5 年才能採收。果實是從綠色轉黃再變紅、紅紫色（深紅色）時完全成熟，也有品種的果實到黃色就已經熟透。
種子	果肉裡有一對平面相貼的半圓形種子（扁豆，Flat Bean），而整棵樹約有 5% 會在樹枝頂端結出圓形種子（圓豆，Peaberry），這是因為受精後停止發育或受精失敗。
遮蔭樹	咖啡樹討厭強烈太陽直曬，所以會在附近種植樹高很高的豆科木本植物當作遮蔭樹，抑制白天的氣溫上升，減少夜間的氣溫下降，縮小一天之中的溫差。最理想的遮蔭狀態是只讓約 75% 的陽光通過且陰影均勻。遮蔭樹不但可保持土壤溫度涼爽，落葉也可當作肥料。
自花授粉	咖啡花的雄蕊花粉沾到同一朵花或同一棵樹其他花的雌蕊柱頭受精，稱為自花授粉；沾到其他樹的雌蕊柱頭受精，稱為異花授粉。以阿拉比卡種為例，自花授粉約 92%，異花授粉約 8%；剛果種無法以自花授粉受精，必須藉由風和蜜蜂等昆蟲授粉。

29　出處：《咖啡生產的科學》（コーヒー生產の科学），山口禎、畠中知子著，食品工業於 2000 年出版。

咖啡栽種的過程

苗床
栽種咖啡的咖啡農和莊園採收咖啡櫻桃育苗。

種植
不同產地的種植情況不同，差不多都是等咖啡苗長到約 20 公分後，移植到咖啡田裡。

開花
阿拉比卡種大多是自花授粉。

結果
變紅多半就是完全成熟，也有品種是變黃就是成熟。

咖啡莊園
各產地的咖啡莊園規模不同，也稱為咖啡農園、咖啡園、咖啡農場。

遮蔭樹
下午會轉為陰天的地方不需要遮蔭樹。

2 「風土」的概念

「風土」（Terroir）主要是在形容法國勃根地地區生產的葡萄酒，意思是「因產地的地理位置、地形、土壤、氣候（日照、氣溫等）的差異構成特殊的風味」。

對於種植咖啡來說，風土與品種是重要的概念，也是培養出產地獨特風味的最大主因。

近二十年來，人們逐漸證實在環境良好的產地種植適合的品種，再藉由妥善的處理與乾燥，才能夠打造出具有地方特色風味、充滿個性的咖啡，倘若沒有風土的概念，品味咖啡的樂趣也就少了一半。

多數的咖啡生產國（除了巴西之外）多半是略帶酸性（pH5.2 ～ 6.2）的火山土壤（Andosol，含有來自火山灰的礦物質），火山土壤的特徵是保水性與透水性高。另一項特徵是土壤含有豐富的有機物、腐植質（動植物遺骸分解而成），影響了咖啡豆的脂質。

但是，實際走訪世界各地的咖啡產地就會發現，咖啡樹多半營養不良、需要施肥。規模小的咖啡農利用咖啡櫻桃脫去的外殼混合雞糞等，做成有機肥料，替夏威夷可娜等的咖啡樹大量施肥。陽光直曬的產地則因為土壤缺氮，所以會利用豆科遮蔭樹的落葉作為補充。

土壤
瓜地馬拉肥沃的火山灰土壤

肥料
正在生產有機肥料的咖啡莊園

火山土壤乍看很肥沃，但如果產地容易降霜，隨著海拔高度愈低，就有很高的可能會風化成更加貧瘠的土壤。此外，採收完畢的咖啡農園被奪走氮、鉀、磷酸、石灰等，因此如果種植咖啡不施肥，土壤將會變得更加貧瘠，導致產量下滑。

施肥對於穩定咖啡生產相當重要，以巴西為例，巴拉那州（Paraná）和聖保羅州（São Paulo）的紅紫土（Terra Roxa）被視為是良土，但喜拉朵產區（Cerrado Mineiro）的紅土是 pH4.5 的酸性土[30]，為了農業的永續發展，必須利用有機肥料[31]和石灰進行酸性土改良。

世界咖啡帶

非洲、中東　　　亞洲、大洋洲　　　中南美洲

30　出處：「セラードコーヒーの挑」（喜拉朵咖啡的挑戰），上原勇作著，稻穗書房於 2006 年出版。
31　咖啡櫻桃的果肉（pulp）剝下後成為有機廢棄資源，可當作肥料使用，所以用來堆肥可提升採收量。小規模的咖啡農等會將其混入雞糞、牛糞使用，也會研究加入甘蔗渣、木片等各種組合。巴西喜拉朵的部分產區除了咖啡樹，也種植甘蔗。

從風土的觀點來看，咖啡產區的土壤固然重要，但氣溫和海拔高度造成的日夜溫差、降雨量等，也同樣重要。

世界咖啡帶的當地風景

瓜地馬拉

哥倫比亞

哥斯大黎加

葉門

巴西

牙買加

3 高海拔產區採收的咖啡風味絕佳

　　海拔高度會影響風味，如果在相同緯度上，海拔愈高的地區日夜溫差愈大，樹木生長較緩慢，使得咖啡櫻桃的總酸度、脂質含量、蔗糖含量增加，影響到種子，因而孕育出複雜的風味。相較於剛果種，阿拉比卡種更適合栽種在高海拔地區。

　　接著來看氣溫與海拔高度之間的關係。海拔每上升 100 公尺，氣溫就會下降 0.6℃。假如靠近赤道的蘇門答臘低地是 33℃，海拔 1,500 公尺的地方就會下降 9℃，也就是 24℃，很適合種植咖啡。相反地，距離赤道愈遠的地方，海拔高度愈高就會愈冷，因此可在相同氣溫條件的低地種植咖啡。

　　舉例來說，瓜地馬拉的安提瓜產區（Antigua）位在北緯 14 度 30 分，在海拔 1,000 公尺以上的高地種植咖啡，但北緯 19 度 30 分的夏威夷可娜產區（Kona）適合種植咖啡的地方則在海拔 600 公尺。

　　最近十年來，受到氣候變遷的影響，適合種咖啡的海拔位置愈來愈高。瓜地馬拉安提瓜產區、哥倫比亞納里尼奧產區（Nariño，又稱娜玲瓏）、哥斯大黎加塔拉珠產區（Tarrazú）、巴拿馬博克特產

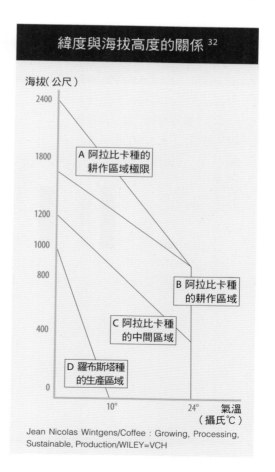

緯度與海拔高度的關係 [32]

海拔（公尺）

A 阿拉比卡種的耕作區域極限

B 阿拉比卡種的耕作區域

C 阿拉比卡種的中間區域

D 羅布斯塔種的生產區域

氣溫（攝氏℃）

Jean Nicolas Wintgens/Coffee : Growing, Processing, Sustainable, Production/WILEY=VCH

32　出處：*Coffee : Growing, Processing, Sustainable*，Jean Nicolas Wintgens 著，John Wiley & Sons Inc 於 2009 年出版。

區（Boquete，又稱波奎特）等地的海拔高度，都在 2,000 公尺左右。

下面是哥倫比亞產咖啡的卓越杯（Cup of Excellence，COE [33]）得獎豆分數與海拔高度的關係圖，我把哥倫比亞國家咖啡生產者協會（Federación Nacional de Cafeteros，FNC）調查的結果製成圖表。卡杜拉（Caturra）是原生種的分支品種，卡斯提優（Castillo）是耐病害的品種，這兩個品種同樣在高海拔地區，所以較容易取得高分，而海拔 1,800 公尺以上的卡杜拉品種分數更高（關於品種，詳情請見 PART 3 的介紹）。

由哥倫比亞的這項統計資料可知，海拔 1,000 公尺以上的地區，更有可能採收高品質的咖啡豆，以卡斯提優品種為例，海拔 1,400 公尺地區的咖啡豆風味絕佳；卡杜拉品種則是更適應海拔 1,800 公尺以上的環境，這裡產出的咖啡豆風味也更好。

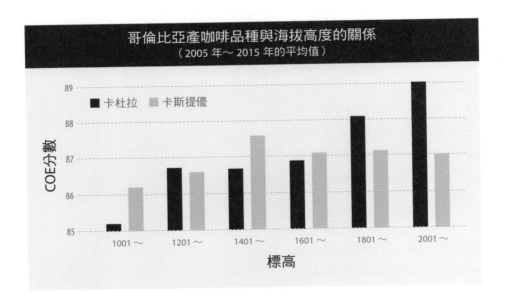

33　卓越杯是咖啡生產者產出的生豆，由咖啡消費國的貿易商與烘豆業者喊價的網路競標拍賣活動，此活動始於巴西自 1999 年起，至今仍在舉辦。

4 如何採收？

　　除了巴西之外，大部分生產國的收成方式都是以人工摘採熟透變紅的咖啡櫻桃，這對生豆品質來說是很重要的作業。

　　巴西採用手摘的占極少數，像是喜拉朵產區等大型咖啡莊園因為產量高，所以使用大型機具採收。至於中規模的咖啡莊園則是採用人工搓枝採收法（strippicking），在地面鋪墊子，工人將咖啡櫻桃連同枝葉一起採收。

　　巴西有明顯的乾雨季，因此咖啡樹會同時開花，但位在海拔約 1,100 公尺高地斜坡的咖啡莊園等，則是會從海拔高度低的咖啡樹先成熟，因此需要依序從成熟的果實先採收起。採收時只能選成熟轉紅的咖啡櫻桃，還帶綠色的半熟果實會有澀味。此外，斜坡上方涼爽地區採收的咖啡櫻桃，要花較長的時間才會熟透，所以總酸度、脂質含量、蔗糖含量也比較高。

哥倫比亞咖啡莊園的收成。

巴西咖啡莊園的機械採收（左）及人工搓枝採收（中、右）。

日本大多是從巴西 與越南進口咖啡

因應咖啡經濟的重要性而成立的國際咖啡組織（International Coffee Organization，ICO）[34] 有 42 個國家參與，占全球產量的 93%（截至 2022 年 2 月的資料）。不同緯度的咖啡產地適合種植咖啡的海拔高度、土壤、氣溫也各有不同，正是這些環境條件與品種特徵之間的適性，帶來風味的差異。

現在日本的生豆進口量多半是來自價格便宜的越南產剛果種與巴西產阿拉比卡種，這些是用來製作罐裝咖啡等工業用產品、即溶咖啡與廉價咖啡。

2022 年日本的生豆進口量 （以每袋 60kg 的麻袋數量換算）					（單位：袋）
巴西	1867,200	坦尚尼亞	281,683	烏干達	31,667
越南	1762,133	宏都拉斯	279,116	肯亞	21,233
哥倫比亞	785,983	寮國	59,800	哥斯大黎加	18,467
印尼	323,550	薩爾瓦多	37,283	巴布亞紐幾內亞	17,950
瓜地馬拉	350,483	祕魯	100,533	墨西哥	22,133
衣索比亞	428,616	尼加拉瓜	33,717	德國	6,250

來源：全日本咖啡協會（ajca.or.jp）。

34　ICO 的官方網站：ico.org。
35　氣候變遷造成咖啡減產，是世界咖啡研究室根據氣象學家的資料等所作的報告，強調如果不採取對策，咖啡產量將會大幅銳減。
36　剛果種、卡帝汶品種的介紹請見 PART 4。
37　出處：世界咖啡研究所製作的「Emsuring the future of coffee」年度報告

② 目前的咖啡產量與消費量

　　因受到氣候變遷的影響，預估到了 2050 年的時候，咖啡將大幅減產[35]，再加上咖啡生產國的經濟成長隨之而來的人力不足、肥料等生產成本上升、靠零星小農支撐的生產結構，以及剛果種的產量增加等，在在阻礙了阿拉比卡種的生產。反觀咖啡消費國──亞洲的韓國、臺灣，以及也是生產國的中國、菲律賓、印尼、泰國、緬甸、寮國等的國內需求增加，未來咖啡恐怕將供不應求。再加上剛果種、便宜的巴西產咖啡豆形成低價市場，也可能導致咖啡品質下降。

　　為了增加採收量，咖啡生產國考慮增加生產占總產量 40％的剛果種、改種高產量的卡帝汶品種等[36]，但這些方法無法避免咖啡的風味下滑，也因此世界咖啡研究室（World Coffee Research，WCR）正在開發抗病害且風味佳的品種，但無法保證現階段能否改善減產問題[37]。

　　為了維持咖啡產業的發展，必須採取的對策包括：①增加咖啡農的收入，藉此提升他們栽種高品質咖啡的意願，②咖啡市場相關人士與消費者應該了解咖啡的品質與風味，③精品咖啡與商業咖啡（參見 PART 2「Chapter 3 從精品咖啡認識咖啡」的「精品咖啡與商業咖啡有何不同？」）的流通必須保持適度的平衡等等。

　　只考慮經濟學原理而放任市場殺價競爭，將成為阻礙咖啡生產的主因。想要維持咖啡產業的生產與消費永續，就必須建立依品質訂定合宜價格的市場。

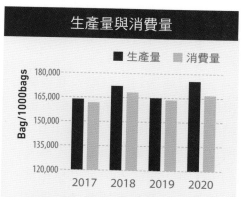

生產量從 2017 年的 163,693 千袋，增加到 2020 年的 175,374 千袋，與此同時，消費量也從 2017 年～ 2018 年採收的 161,377 千袋，增加到 2020 ～ 2021 年採收的 166,346 千袋。另外也因為氣候變遷、葉鏽病等的影響，使得採收年的產量有增有減（圖表並未包含各消費國的庫存量）。

3 生豆從生產國到日本的流程

　　生產國採收的咖啡櫻桃送去
加工處理（PART 3「挑選咖啡
豆」），變成乾燥的咖啡櫻桃或
帶殼豆狀態，進入乾處理廠（Dry
Mill）脫殼、篩選完，再以生豆
（green bean）狀態運送到消費國。

　　包裝材質大部分是麻布袋
（巴西、東非是 60kg 裝，中美洲
是 69kg 裝，哥倫比亞是 70kg 裝，
夏威夷可娜是 45kg 裝）等，不過
精品咖啡為了維持品質，有時會
採用 GrainProTM 超級氣密袋（裝
在麻布袋內側的穀物專用袋）、
真空袋（約 10 ～ 35kg）。

　　生豆運送到出口港裝進貨櫃
出口，一般是使用常溫貨櫃，但
精品咖啡擔心貨櫃內的溫度上升，
所以會使用低溫冷藏貨櫃（恆溫
約 15℃），我從 2004 年起就盡量
使用低溫冷藏貨櫃。此外，高海
拔的產地與海港會有溫差，所以
運送等必須看準船舶出航的時機
裝櫃。

麻布袋（上）、GrainProTM 超級氣密袋
（中）、真空袋（下）

生產國咖啡的流通	
生產者（小農）	小農約占總生產量的 70 ～ 80%。農地只有 2 ～ 3 公頃左右的零星小農會把咖啡櫻桃或帶殼豆賣給農會、中盤商等。
生產者（莊園）	占總產量的 20 ～ 30%。各生產國的咖啡莊園規模也大不相同，多數場合是把咖啡櫻桃或帶殼豆送到加工處理廠，再由出口貿易商賣到消費國。
加工處理廠	也稱為乾燥廠，負責將帶殼豆、乾燥的咖啡櫻桃脫殼、篩選、裝袋。篩選包括去除石子和雜質、比重篩選、網目篩選、光學顏色篩選、手選等，最後秤重裝袋。
出口貿易商	主要與消費國的進口貿易公司、烘焙業者進行交涉、簽訂契約、完成出口手續。契約內容是根據類型樣本、出貨前的咖啡樣本擬定。

※ 各生產國的生豆流通過程不同，此處介紹的情況只是其中一例。

貨櫃

港口倉庫

日本國內生豆的流通

　　日本的進口貿易商多半會在生豆到港後，放常溫倉庫保存，但精品咖啡存放在恆溫倉庫（15℃）的情況也逐漸普及。因為常溫倉庫會受到梅雨、夏季濕度及外在氣溫影響，所以如果希望品質維持更久，建議使用恆溫倉庫。

日本國內生豆的流通	
進口貿易商	進口生豆賣給生豆批發商、大型咖啡烘焙公司。
生豆批發商	向進口貿易商採購生豆，主要賣給中小型咖啡烘焙公司、自家烘焙咖啡店。2010 年之後，也有自行進口精品咖啡生豆的例子。
小規模專門貿易公司	專門進口生豆，賣給自家烘焙咖啡店。2010 年之後，為了因應自家烘焙咖啡店的少量需求，這類型的貿易公司愈來愈多。
港口倉庫	業務內容是將生豆儲存在常溫倉庫或恆溫倉庫，負責出貨。
大型咖啡烘焙公司	把烘焙豆賣給傳統咖啡館、超市、便利商店、一般家庭等。此外也賣烘焙豆給罐裝、瓶裝咖啡的製造業者。
中小型咖啡烘焙公司	主要銷售營業用咖啡給傳統咖啡館，全日本推測約有兩、三百家（此非精確的統計資料）。
自家烘焙咖啡店	主要是在自己的店裡烘焙生豆，賣給一般家庭使用，全日本的實體店面推測約五、六千家且數量仍在增加中（此非精確的統計資料）。

⑤ 日本國內烘焙豆的流通

　　一般來說，普通咖啡（Regular Coffee，RC）是指營業用（傳統咖啡館、餐廳、辦公室咖啡等）、家庭用、工業用（罐裝咖啡等）的統稱，是為了與即溶咖啡（Instant Coffee）有所區隔。2021 年日本的普通咖啡國內產量是 26 萬 7,725 公噸，與即溶咖啡的 3 萬 6,000 公噸相比，所占的比例較高[38]。

　　此外，普通咖啡的家庭用、營業用、工業用的市占率大約是 1：1：1。2020 年之後因 Covid-19 疫情的影響，營業用的比例減少，家庭用的比例反而增加。

　　在日本各種場合都能喝到咖啡，如傳統咖啡館（2016 年統計約有 6 萬 7,000 家）、複合式咖啡店（與傳統咖啡館的區分模糊，因此店家數量不明）、咖啡連鎖店（約 6,500 家）、便利商店（約 6 萬 3,000 家）、家庭餐廳（約 5,300 家）、連鎖速食店（約 6,300 家）、飯店（約 9,800 家，溫泉旅館未列入）、辦公室咖啡（不明）等。傳統咖啡館從 1981 年全盛期時的 15 萬 4,630 家，大幅減少至 2016 年的 6 萬 7,198 家，由便利商店咖啡取代了大部分。

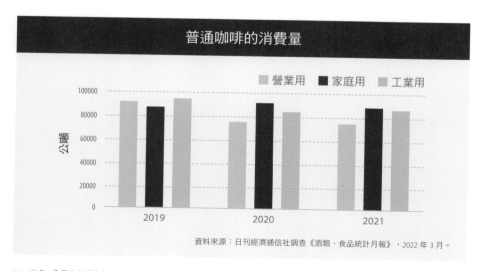

資料來源：日刊經濟通信社調查《酒類、食品統計月報》，2022 年 3 月。

38　出處：全日本咖啡協會統計資料，務省統計局「事業所統計調查報告書」。

 # 精品咖啡何時誕生？

　　美國在 1970 年代之後，因為大型咖啡烘焙業者削價競爭，品質顯著下滑，因此咖啡消費量比 1950 ～ 1960 年代相比減少一半，民眾開始不喝咖啡[39]。為了抑止這種狀況，美國精品咖啡協會於 1982 年誕生。

　　時任美國精品咖啡協會秘書處主任的唐‧霍利（Don Holly）指出：在 1978 年法國舉辦的國際咖啡會議中，努森咖啡公司（Knutsen Coffee）的娥娜‧努森（Erna Knutsen）所提出的見解，「因產地在氣候、風土、處理法上的差異，孕育出具獨特風味的咖啡」[40]，奠定了精品咖啡的基礎。

　　此外，她更進一步表示：「為了孕育這種獨特的風味，鐵比卡品種和波旁品種等咖啡樹必須在特定產地正確種植、加工處理、篩選、運送，並且需要適當的烘豆流程與保持鮮度的倉儲管理、合宜的萃取、標準化的感官品評等。」

　　2000 年代初期的美國精品咖啡協會也繼承這種概念，在其官方網站上的「What is the SCAA?」[41]也提到，「美國精品咖啡協會最主要的角色之一，就是建立業界的栽種、烘豆、萃取標準」。2004 年左右起，美國精品咖啡的生豆等級區分系統啟用，以美國為中心的精品咖啡風潮於此誕生。

　　現在的精品咖啡協會官方網站提到，精品咖啡是由「最在乎品質的咖啡農、買家、烘豆師、咖啡師、消費者共同支持催生」，由此可知更加強調咖啡的品質。[42]

39　1970 年代的美國，從 1950 年代約有 200 家咖啡烘焙業者，後來變成大約 20 家獨占，低品質咖啡愈來愈多，咖啡也愈來愈淡，導致每人的咖啡消費量減半。
40　出處：The Definition of Specialty Coffee: Don Holly, SCAA (mountaincity.com)。
41　出處：What is Specialty Coffee? — Specialty Coffee Association (sca.coffee)。
42　出處：《咖啡學入門》（コーヒー学入門），廣瀨幸雄、圓尾修三、星田宏司著，人間科學社於 2007 年出版（目前最新版次為 2017 年第 2 版）。

2 永續咖啡的誕生

　　進入 2000 年代之後，永續發展（Sustainability）的概念迅速普及，透過永續發展農業栽種出的永續咖啡也於因應而生。永續咖啡的基本理念，是支付咖啡農符合作物價值的合理報酬，目前主導市場的主要是下列這三種概念：

　　①「有機咖啡」是採用有機無農藥農作法保護土壤、不使用化學藥品栽種的咖啡，必須通過 JAS [43] 等的有機認證。②「公平貿易咖啡」是交易公平，保障最低售價的咖啡，有 FLO（Fairtrade Labelling Organizations International，國際公平貿易標籤組織）認證字樣（日本也有國際公平貿易組織日本分會，但多半在進行非政府組織相關活動）③「樹蔭咖啡」是在有森林覆蓋的土地上生產的咖啡，一方面可以維護生物多樣性，一方面又能夠保護候鳥。

　　這類認證組織多半表現活躍，在 2000 年代前期，熱帶雨林保育聯盟（Rainforest Alliance）、UTZ 認證計畫（UTZ kapeh）等組織，也開始在日本積極活動（這兩個組織於 2018 年合併）。

　　精品咖啡的概念可說是因為精品咖啡協會的生豆品質標準及永續咖啡的推廣，而逐漸普及，但永續咖啡的品質不一定符合精品咖啡協會的標準，市面上流通的永續咖啡也有很多是商業咖啡。

東帝汶的公平貿易活動（左、右）

43　JAS（Japan Agriculture Standards）是日本有機認證制度標章。

3　日本何時開始有精品咖啡？

　　我在 1999 年寫《咖啡試飲》（コーヒーのテースティング，柴田書房出版）這本書時，日本幾乎沒人使用精品咖啡這個詞彙，一直到 2001 年美國精品咖啡協會在美國邁阿密舉辦咖啡展、日本的參展者開始增加後，日本精品咖啡協會才於 2003 年成立。

　　2004 年，我在美國精品咖啡協會亞特蘭大咖啡展上針對「日本的精品咖啡市場」發表演說，這段時期或許可稱得上是日本精品咖啡的草創期。

　　日本精品咖啡協會每年都會舉辦一場推廣精品咖啡的活動，現場有許多國外的生產者、日本國內的義式濃縮咖啡機製造商、烘豆機製造商、烘豆公司等設置的攤位，氣氛相當熱絡（自 2022 年起也開放一般消費者入場參觀）。

　　此外，日本精品咖啡協會也舉辦以咖啡師大賽為首的拉花、手沖、烘豆等競賽，還有咖啡技巧、永續經營、烘豆師等活動，並舉辦各式各樣的講座，提供咖啡大師（對咖啡有更深入的知識與基本技術的專家）、咖啡品質鑑定師（Q Grader）的培訓。

品質檢查

日本精品咖啡協會的咖啡展

杯測訓練

　　2005 年過後，業界轉向著重咖啡生豆的品質，開始使用修訂版的「SCAA 杯測表」，日本民眾也逐漸認識精品咖啡。美國精品咖啡協會為了推廣這套評分系統，培養 SCAA 杯測評審，我也在 2005 年取得資格（但因為沒有更新資格，所以證照已失效了）。後來杯測評審的資格改由咖啡品質協會（Coffee Quality Institute，CQI）[44] 承辦的「國際咖啡品質鑑定師（Licensed Q Arabica Grader）」接替。日本精品咖啡協會現在以咖啡品質協會的合作機構身分舉辦資格培訓課程，也制定自己的杯測表，經常開辦杯測講座。

　　日本精品咖啡協會從成立時開始，就把精品咖啡定義為「消費者（喝咖啡的人）手中那杯咖啡喝起來要有絕佳風味，消費者認為好喝且感到滿意的咖啡。為了喝到一杯風味絕佳的咖啡，咖啡從豆子（種子）到杯子的每個階段，必須貫徹一連串的制度、作業、品管。」（詳細內容請見日本精品咖啡協會的官方網站，https://scaj.org/）。

44　咖啡品質協會成立的宗旨是在追求咖啡的品質，提升生產者的生活等。國際咖啡品質鑑定師（Q Grader）是能夠按照精品咖啡協會制定的標準與步驟評鑑咖啡的專家。

4 日本現在流通的咖啡

日本目前流通的咖啡，大致上可分為阿拉比卡種精品咖啡[45]、阿拉比卡種商業咖啡[46]、占全球產量約 35％的巴西產阿拉比卡種、占全球產量 40％的剛果種（羅布斯塔種）。

右圖中是概略的比例，由此可知大部分是剛果種和低價的巴西產咖啡、其他商業咖啡。

在這樣的情況下，自 2022 年 10 月以來，因巴西蒙受霜害等事件造成咖啡市場價格高漲、生產國的人事成本與肥料成本增加，再加上日本國內日幣貶值導致採購成本提高，這些因素使得咖啡價格飆漲。此外，若再加上商業咖啡的生豆品質降低，風味不佳，民眾很有可能不再喝咖啡。

我從事咖啡工作三十年的過程中，儘管精品咖啡市場小，但仍持續成長，商業咖啡整體的品質也在提升，今後全球的需求量也會持續擴大，生豆的價格預計將會持續上揚。消費國必須以符合精品咖啡、商業咖啡品質的價格，支持生產者、擺脫折扣戰造成的價格競爭，建立精品咖啡和商業咖啡都能夠以合理價格共存的市場。因此，咖啡業界相關人士與消費者都需要懂得優質咖啡的風味。

日本的生豆流通比例

阿拉比卡精品咖啡 10%
阿拉比卡商業咖啡 25%
巴西產阿拉比卡種 30%
剛果種 35%

45　關於精品咖啡的流通量，是參考日本精品咖啡協會對會員訪查的資料。但是精品咖啡的定義標準是各公司的自行判斷，因此很難調查出精確的進口比例。我個人認為精品咖啡的流通比例比圖中的數據更少。

46　本書以商業咖啡（Commercial Coffee，此詞與商品咖啡（ Commodity Coffee ）意思雷同）來對比精品咖啡，意指當咖啡商品化之後，無論購買哪一款都沒有太大無差異時，消費者通常會以價格選擇。

5 精品咖啡與商業咖啡有何不同？

　　精品咖啡的特徵是，位在各生產國出口等級的前幾名，而且生產履歷（Traceability）清楚明確，所以①風味沒有缺點，②具產地孕育的獨特風味。這些特徵不僅因為栽種環境，也與良好的栽種方式、加工處理／乾燥／篩選過程、適當的包裝材質、運輸方式、倉儲方式等有關，甚至是合宜的烘豆、萃取方式也很優質。

　　2000 年以後，單一莊園的咖啡豆開始大量流通，到了 2010 年代也有愈來愈多咖啡豆附上詳細的生產履歷，「生產者、何時、哪裡、如何製造」，因此能夠比較這些咖啡在不同採收年的品質與風味差異。

　　更進一步到了 2020 年代，精品咖啡的品質[47] 明顯朝三極化發展，商業咖啡也有上級（一般流通品中的高等級）與下級（一般流通品）兩極化的趨勢，因此精品咖啡與商業咖啡的生豆價格與烘焙豆價差[48] 逐漸擴大。

項目	精品咖啡	商業咖啡
栽種地	土壤、海拔高度等栽種環境佳	多半是低海拔地區
規格	生產國的出口等級＋生產履歷等	各生產國的出口等級
處理法	咖啡處理法、乾燥過程作業仔細	多數是量產，品質差
品質	瑕疵豆少	內含的瑕疵豆相對較多
生產批次	以水洗加工廠、莊園為單位的小批量	許多地區的咖啡豆混合而成
風味	風味有個性	風味平均，缺乏個性
生豆價格	獨自的價格算法	與期貨市場連動
流通名稱範例	衣索比亞耶加雪菲 G-1	衣索比亞

47　按照 SCA 杯測法的品評方式，精品咖啡大多是 80 ～ 84 分的咖啡豆，但也有 85 ～ 89 分、90 分以上的咖啡豆。
48　以市場的零售烘焙豆為例，低價品大約是每 100g200 日圓，中級品大約是每 100g500 日圓，高品質豆大約是每 100g1,000 ～ 1,500 日圓不等，價格上的差距不小，藝妓品種等特殊豆甚至大多是每 100g3,000 日圓以上。

6 精品咖啡與商業咖啡的科學數據差異

　　不只是感官品評，也可以從科學數據分析的角度來看出精品咖啡與商業咖啡的差別，從分析烘焙豆的① pH 值、②滴定酸度（總酸度）、生豆的③脂質含量、④酸價、⑤蔗糖含量等的結果顯示，精品咖啡與商業咖啡之間存在明顯的差異。

　　下表是針對市面上流通的精品咖啡與商業咖啡各 25 款樣本進行分析的結果。精品咖啡與商業咖啡在各項科學數值上都有明顯的顯著性差異（P<0.01）[49]。此外，這些數字與 SCA 感官品評之間存在相關性[50]，因此科學數據能夠作為感官品評的結論佐證。

萃取咖啡測試樣本。

精品咖啡與商業咖啡的科學數據差異 （2016 ～ 2017 年採收）					
	SP的 數值範圍	SP的 平均	CO的 數值範圍	CO的 平均	對風味的影響
pH 值	4.73～5.07	4.91	4.77～5.15	5.00	酸味的強度
滴定酸度（ml/g）	5.99～8.47	7.30	4.71～8.37	6.68	酸味的強度與品質
脂質含量（g/100g）	14.9～18.4	16.2	12.9～17.9	15.8	醇厚度與複雜性
酸價	1.61～4.42	2.58	1.96～8.15	4.28	味道的澄淨與否
蔗糖含量（g/100g）	6.60～8.00	7.68	5,60～7.50	6.30	甜味
SCA 分數（滿分100分）	80.00～87.00	83.50	74.00～79.80	74.00	

pH 值的數字愈小，酸味愈強。滴定酸度（ml/100g）、脂質含量（g/100g）、蔗糖含量（g/100g）的數字愈大，表示成分含量愈多，因此風味也愈明確。酸價是數字愈小，脂質劣化愈少，表示風味愈澄淨。由這些成分數字可知，精品咖啡比商業咖啡的風味更豐富。

下圖是瓜地馬拉產的精品咖啡與商業咖啡的 SHB（出口等級高）與 EPW（出口等級低）的滴定酸度（總酸度）、脂質總含量、蔗糖含量的比較，無論哪一項都是精品咖啡優於商業咖啡。

以這個樣本來看，相對於商業咖啡的風味，精品咖啡的風味推測是「可感覺到明亮的柑橘果酸，醇厚度飽滿且餘韻甜的好咖啡」。

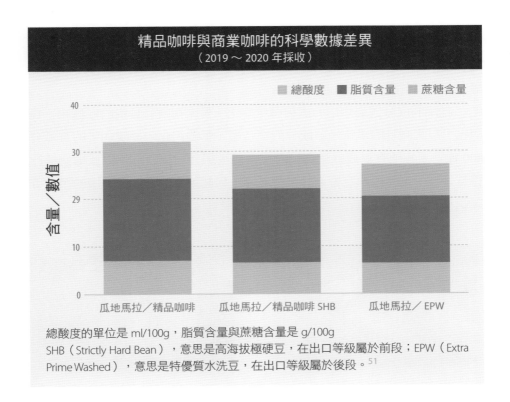

總酸度的單位是 ml/100g，脂質含量與蔗糖含量是 g/100g
SHB（Strictly Hard Bean），意思是高海拔極硬豆，在出口等級屬於前段；EPW（Extra Prime Washed），意思是特優質水洗豆，在出口等級屬於後段。[51]

49 「顯著性差異」是統計學上的詞彙，也稱「顯著差異」或「統計學意義」，意思是產生的差異不是偶然或誤差所造成。P<0.01 代表機率不到 1%，也就是並非偶然。
50 「相關性」是指一方改變，其他方面也會跟著改變的相互影響關係。以「r=」表示，r=0.6 以上就是具有相關性，r=0.8 可解釋為高度相關。
51 譯注：瓜地馬拉產咖啡依海拔高度分為七級，由高至低依序是：SHB、HB、SH、EPW、PW、EGW、GW。海拔愈高的咖啡豆品質愈佳，最高等級者為 SHB（1,300 公尺以上）。

1　咖啡的複雜成分

　　咖啡比起其他飲料多了很多的化學成分，這些成分組合出複雜的滋味，因此，了解生豆與烘焙豆的成分對風味的影響程度也很重要。在下一頁的表格中，以紅字代表在烘焙過程中會大幅變化的成分。

　　烘焙會大量減少生豆的水分、多醣類（碳水化合物）等，有機酸（酸味的強度與品質）、脂質含量（醇厚度與複雜性）則會深深影響風味。除此之外，蔗糖（甜味）焦糖化之後，與胺基酸結合形成的梅納反應（產生褐色色素的類黑精（Melanoidine）中和反應，不過梅納反應化合物與苦味、醇厚度是否有關，目前尚未釐清）。

　　咖啡的成分透過烘焙的過程發生變化，帶來複雜且愉悅的好滋味，我們也可以說咖啡的風味是各成分的集合體、千變萬化。據說咖啡的香氣有800 種 [52]，各種香氣成分交互結合又會產生另外一種香氣，因此即使進行香氣分析，也極難鎖定香氣的來源成分，只能說「讓人覺得舒服的複雜香氣」。

成分分析

分析用的器具

---

[52]　出處：*Coffee Flavor Chemistry*（第 77 頁），Ivon Flament 著，John Wiley & Sons Inc 於 2002 年出版。

成分	生豆	烘焙豆	特徵
水分	8.0～12%	2.0%～3.0%	因烘焙而大幅減少
礦物質	3.0～4.0	3.0～4.0	鉀多
脂質	12～19	14～19	海拔高度等形成差異
蛋白質	10～12	11～14	經過烘焙也不會有太大的變化
胺基酸	2.0	0.2	經由烘焙減少，變成梅納反應化合物
有機酸	～2.0	1.8～3.0	檸檬酸多
蔗糖（寡糖）	6.0～8.0	0.2	經由烘焙減少，變成甜香成分等
多醣類	50～55	24～39	澱粉、植物纖維等
咖啡因	1.0～2.0	～1.0	對苦味的影響約占10%
綠原酸	5.0～8.0	1.2～2.3	與澀味、苦味有關
葫蘆巴鹼	1.0～1.2	0.5～1.0	經由烘焙減少
類黑精	0	16～17	對苦味有影響的褐色色素

表格出處：參考 R.J.Clarke&R.Macrae"Coffee Volume1 CHEMISTRY" 的內容，加上筆者個人經驗製表。

② 酸鹼度是了解酸度強弱的參考

　　咖啡風味是由各式各樣的成分組合產生，其中最重要的就是有機酸。咖啡的 pH 值[53] 如果是中焙豆，約為 pH5.0 屬弱酸性；如果是法式烘焙豆，約為 pH5.6、酸味偏弱（果汁與葡萄酒約為 pH3 ～ 4 屬酸性、罐裝咖啡和牛奶約 pH6 ～ 7、自來水是 pH7.0，只要數字大於 pH7.0 就是鹼性）。

　　下表是 2020 年採收的瓜地馬拉各產區各品種的採樣結果。中焙豆萃取液的總酸度平均值約 7.00ml/g，因此 pH 值愈低總酸度愈高，咖啡喝起來也愈酸愈複雜。表中的品種 pH 值低，也就可以想像酸味豐富。

瓜地馬拉產咖啡的 pH 值與總酸度 （2020 ～ 2021 年採收）				
品種	英文名稱	pH 值	總酸度	風味
藝妓	Geisha	4.83	8.61	酸味強且華麗
帕卡馬拉	Pacamara	4.83	9.19	華麗且酸味有特色
鐵比卡	Typica	4.94	7.69	清爽柑橘類酸味
波旁	Bourbon	4.94	8.03	飽滿的柑橘類酸味
卡杜拉	Caturra	4.96	7.54	酸味偏弱

53　pH 值表示溶液中氫離子濃度（H+）的量。溶液中的氫離子（H+）多是酸性，少是鹼性，因此只要檢測 pH 值就能知道酸性、中性、鹼性的比例。pH 值分為 0 ～ 14，7 為中性，小於 7 表示酸性強，大於 7 表示鹼性強。咖啡的烘焙度愈深則 pH 值愈高，酸性感覺偏弱。中焙豆約為 pH4.8 ～ 5.2，城市烘焙約為 pH5.2 ～ 5.4，法式烘焙約為 pH5.6 左右（不過，pH 值與滴定酸度之間不一定有相關）。

3 酸味和總酸度對於杯測分數的影響

　　品質出眾的咖啡會帶有「清爽的酸味」或「華麗的酸味」，樣本中的瓜地馬拉精品咖啡是海拔 1,800 公尺，SHB 是海拔 1,400 公尺，EPW 是海拔 800 公尺採收的咖啡豆。多數情況下，海拔高度愈高，早晚溫差愈大的地區，採收的咖啡豆 pH 值愈低，總酸度愈高，因此可以感覺到酸味的強度與複雜性。

　　這個樣本的感官品評（SCA 杯測法）分數與 pH 值之間存在 r=- 0.9162 的高度負相關，與總酸度之間可看到 r=0.9617 的高度正相關，因此科學數據可證明感官品評的分數。

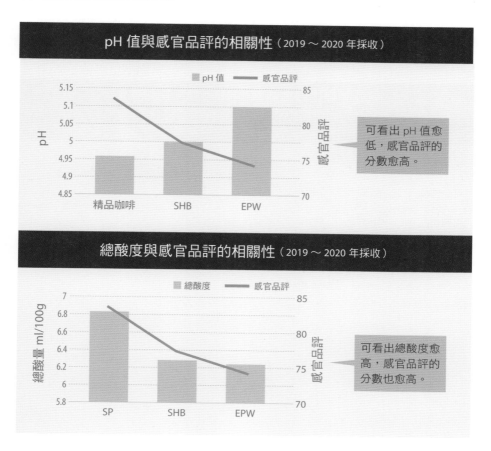

認識有機酸與烘焙度的關係

　　酸味不僅是各產地咖啡豆的特徵，也會受到烘焙度的影響，烘焙度愈深，總酸度愈低。例如烘焙度淺的中度烘焙豆，酸味比起烘焙程度深的法式烘焙豆更強烈。

　　下表分析的是肯亞產與巴西產中度烘焙豆、法式烘焙豆的 pH 值及總酸度（滴定酸度）。肯亞產與巴西產咖啡豆，同樣都是中度烘焙豆的 pH 值較法式烘焙豆低，總酸度較法式烘焙豆高，由此可知容易感覺到酸味。肯亞產的 pH 值較巴西產的低，總酸度較高，因此酸味感覺較強。

　　但是，咖啡的酸味很複雜，並不是愈強愈好，酸味的品質還會受到有機酸的種類與組成影響。咖啡的有機酸是生豆所含的檸檬酸、醋酸、蟻酸、蘋果酸等，還有綠原酸發生變化產生的奎寧酸與咖啡酸等。

肯亞產與巴西產咖啡（2018～2019 年採收）的 pH 值與總酸度（ml/100g）				
生產國	烘焙度	pH	總酸度	補充
肯亞精品	中度	4.74	8.18	肯亞豆在眾多產地當中，酸味最強
肯亞精品	法式	5.40	5.29	
巴西精品	中度	5.04	6.84	巴西豆在眾多產地當中，酸味偏弱
巴西精品	法式	5.57	3.65	

※ 肯亞使用的是基里尼亞加產區豆，巴西的是喜拉朵產區豆。

5 有機酸的種類與風味的關係

　　從過往的科學分析結果與感官方面來看，萃取液裡的檸檬酸多過於醋酸等其他酸，就能品嘗到舒服的酸味。

　　因此，優質咖啡的舒適酸味，是來自柑橘類水果中也能嘗到的檸檬酸。不過，像是藝妓、帕卡馬拉品種的咖啡，除了柑橘類之外，還能感受到桃子、覆盆子等華麗的果酸味。但是目前還不清楚這種華麗的來源究竟是由哪些有機酸組成。

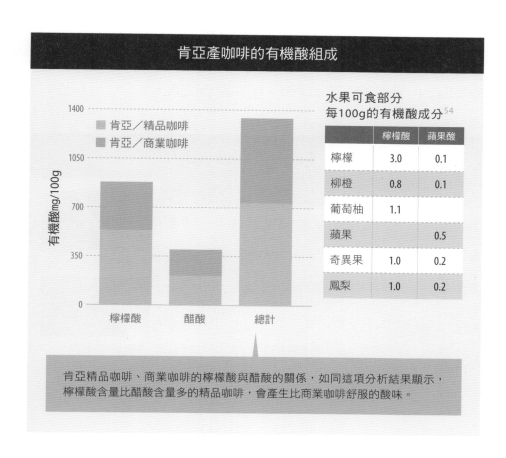

肯亞產咖啡的有機酸組成

水果可食部分
每100g的有機酸成分[54]

	檸檬酸	蘋果酸
檸檬	3.0	0.1
柳橙	0.8	0.1
葡萄柚	1.1	
蘋果		0.5
奇異果	1.0	0.2
鳳梨	1.0	0.2

肯亞精品咖啡、商業咖啡的檸檬酸與醋酸的關係，如同這項分析結果顯示，檸檬酸含量比醋酸含量多的精品咖啡，會產生比商業咖啡舒服的酸味。

54　出處：「果実の科学」（果實的科學），伊藤三郎編寫，由朝倉書房於 1991 年出版。

6 脂質含量影響咖啡的口感 （醇厚度）

　　每 100g 的生豆含有約 16.0g 的脂質。脂質影響的不是味道而是口感（質地），如同沙拉油的口感比水更滑順，脂質含量多的生豆經過烘焙，其萃取液也會有微妙的滑順感。此外，脂質吸附香氣（利用有機溶媒萃取出脂質，就能夠感受到獨特的香氣），使人更容易感受到咖啡的風味。

　　生豆內含的脂質容易受到包裝材質與倉儲狀態的溫度、濕度、氧氣差異影響而變質。酸價可判斷脂質是否氧化（劣化），數字愈大就愈能夠感受到混濁感、枯草味等。

　　下表中的瓜地馬拉產咖啡豆是空運來的、非常新鮮的樣本，幾乎沒有氧化，所以在其他研究範例上幾乎沒有測出酸價。在我的實驗資料上如果酸價低於 4，就表示生豆仍然新鮮、在品嘗期限之內。

瓜地馬拉產咖啡
（2020 ～ 2021 年採收）

品種	脂質含量	酸價	質地
藝妓	16.45	2.68	飽滿的醇厚度，澄淨、不混濁
帕卡馬拉	16.81	2.80	乳脂般的黏稠度、滑順
鐵比卡	16.20	2.92	絲滑的口感
波旁	15.34	2.86	醇厚度偏弱
卡杜拉	15.79	2.82	略有醇厚度

脂質的萃取

萃取出來的脂質

7 認識脂質含量與風味的關係

　　脂質含量會影響咖啡質地，脂質含量愈多，風味就愈複雜。與酸味一樣，高海拔栽種地的夜間溫度低，咖啡樹的呼吸作用減緩，能夠形成充足的脂質。

　　但是，滑順是一種觸覺，有時很難單靠飲用就能察覺，就像質地細緻的絲質與柔滑的天鵝絨（觸感柔軟的布料），有細緻的差異。

　　下表是瓜地馬拉精品咖啡與商業咖啡的 SHB、EPW 的脂質含量與感官品評關係。精品咖啡的脂質含量愈多，感官品評的分數愈高，商業咖啡的 SHB 和 EPW 脂質含量愈少，感官品評分數愈低。

　　脂質含量與感官品評分數之間，存在 r=0.9996 的高度正相關，因此可以認為脂質含量愈高，感官品評分數也愈高。

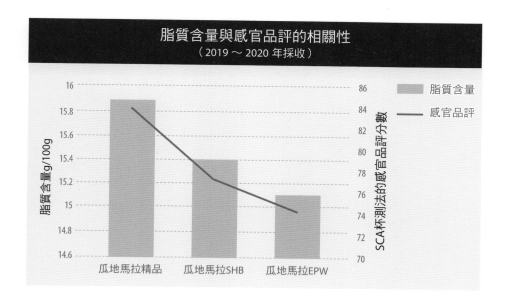

脂質含量與感官品評的相關性
（2019 ～ 2020 年採收）

8 酸價是判斷咖啡劣化的參考

脂質一旦氧化（劣化），萃取液就會混濁，產生類似枯草的異味。

氧化是指光（紫外線或可視光）、水（濕氣）、熱、空氣（氧氣）加速脂質發生變異而產生「反應」。保存溫度只要升高10℃，氧化速度就會變成兩倍，因此生豆的包裝材質、倉儲溫度等很重要。酸價是脂質變質（氧化）的指標，表示「中和每1g油脂中的游離脂肪酸，所需的氫氧化鉀的mg」數值，亦即脂肪酸的含量。

真空袋是防止氧化最有效的包裝，其次是GrainProTM超級氣密袋（穀物專用袋），而麻袋其實效果不大。另外，運輸時，將生豆保存在恆溫15℃的低溫貨櫃中也有助於防止氧化，因為常溫貨櫃在通過赤道時，櫃內溫度會超過30℃，如果遇到梅雨季節到夏季這段時期，內部溫度也會上升，所以最好選擇恆溫15℃的冷藏倉庫。

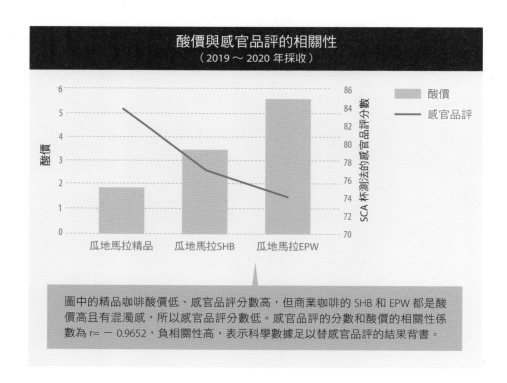

圖中的精品咖啡酸價低、感官品評分數高，但商業咖啡的 SHB 和 EPW 都是酸價高且有混濁感，所以感官品評分數低。感官品評的分數和酸價的相關性係數為 r＝－0.9652，負相關性高，表示科學數據足以替感官品評的結果背書。

⑨ 胺基酸對鮮味的影響

在日本飲食文化，自古以來就講求五味俱全，包括甜味（sweetenss）、鹹味（saltness）、酸味（sourness）、苦味（bitterness）與鮮味（umami）。其中，最晚被人們發現的鮮味，是來自海帶（麩胺酸）、柴魚片（肌苷酸，又稱次黃嘌呤核苷酸）、香菇（鳥苷酸）等所帶出的鮮味，這些也都是日本料理中不可或缺的熟悉滋味，因此鮮味也是日本食品在感官品評中的項目之一。而「鮮味」帶給咖啡風味什麼樣的影響，將是今後眾多研究者分析的重點。

咖啡生豆含有大量的胺基酸。瓜地馬拉產藝妓與波旁品種的胺基酸，透過高效液相層析儀分析後，發現含有鮮味胺基酸，如：天門冬胺酸、麩胺酸，以及甜味胺基酸，如：蘇胺酸（又稱羥丁胺酸）、丙胺酸。然而烘豆過程會使得生豆的胺基酸總含量減少約 98%。

下圖是瓜地馬拉產帕卡馬拉品種與藝妓品種透過電子舌檢測的結果，感官品評和電子舌的相關性系數為 r=0.8287，正相關性強，可看出有鮮味的生豆很有可能在感官品評拿高分。除此之外，從這個樣本可看到，比起日曬豆，電子舌在水洗豆裡偵測到更多的鮮味。

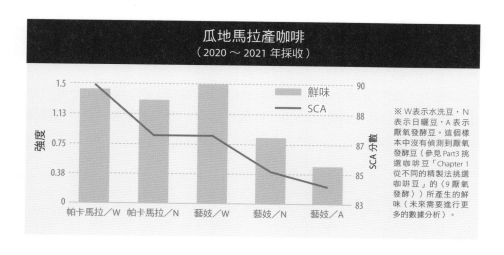

瓜地馬拉產咖啡
（2020～2021 年採收）

※ W表示水洗豆，N 表示日曬豆，A 表示厭氧發酵。這個樣本中沒有偵測到厭氧發酵豆（參見 Part3 挑選咖啡豆「Chapter 1 從不同的精製法挑選咖啡豆」的〈9 厭氧發酵〉）所產生的鮮味（未來需要進行更多的數據分析）。

10 咖啡因對苦味的影響

　　咖啡烘焙的程度愈深，苦味愈明顯，但是中度烘焙豆的感官品評很難看出苦味的差異，或許也是因為如此，SCA 杯測法的感官品評表中沒有苦味的項目（參見 Part2 認識咖啡「Chapter 5 認識評鑑咖啡品質的方法」中〈4 精品咖啡協會的感官品評（杯測法）〉）。但在日本飲食文化中，苦味被視為春天的味道，而且日本也有品嘗苦味的傳統，所以苦味應該可以列入評分。

　　咖啡最具代表性的苦味成分就是咖啡因（Caffeine），咖啡因能夠有效提升專注力和心情，紅茶、煎茶也含有咖啡因。以 10g 的咖啡粉萃取出的 100 ～ 150ml 咖啡液中，含有 60 mg（0.06g/100ml）咖啡因。根據美國食藥署（U.S. Food and Drug Administration，FDA）等的建議，[55] 每天可飲用 3 ～ 4 杯咖啡（約 200 mg），健康的成年人每天喝 3 mg ／體重公斤左右的咖啡，也不會有健康風險。

　　咖啡的咖啡因對苦味的影響約占 10％，但咖啡因本身很難從感官上感測到。

　　在下一頁的上圖是巴西產與哥倫比亞產的三種烘焙度咖啡豆，使用高效液相層析儀進行分析的結果。法式烘焙豆的咖啡因比中度烘焙豆、城市烘焙豆少，因此推測苦味與咖啡因以外的成分有關，一般認為綠原酸內酯（綠原酸經過烘焙變成的化合物統稱）、梅納反應產生的類黑精（褐色色素）等，也是苦味的來源，但況目前還無法證實。

　　在下一頁的下圖是非洲產咖啡豆使用高效液相層析儀進行分析的結果。此樣本顯示水洗豆的咖啡因比日曬豆更多。但必須留意的是，每個樣本存在著個體差異。

55　出處：日本食品成分表第 7 版。

依精品咖啡生產國分的咖啡因含量
（2017 ～ 2018 年採收）

※F＝法式烘焙，C＝城市烘焙，M＝中度烘焙。巴西是喜拉朵產區豆，哥倫比亞是薇拉省產區（Huila）豆

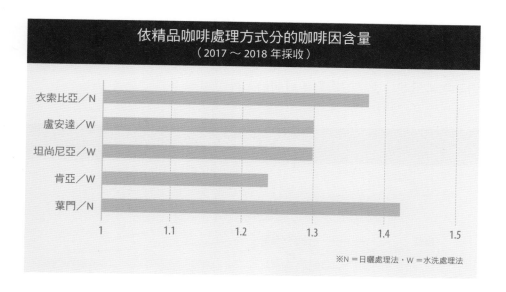

依精品咖啡處理方式分的咖啡因含量
（2017 ～ 2018 年採收）

※N＝日曬處理法，W＝水洗處理法

11 胺基酸的鮮味與梅納反應

生豆所含的胺基酸會在烘豆過程中減少。根據以往的分析結果顯示，生豆中占比最多的麩胺酸會減少，天門冬胺酸的組成比例會增加。

蔗糖會在烘豆過程中焦糖化形成甜香成分，而胺基酸會與蔗糖進行梅納反應產生類黑精，也會與綠原酸發生作用產生褐色色素。但這些變化會帶給咖啡風味什麼樣的影響，目前仍不得而知。

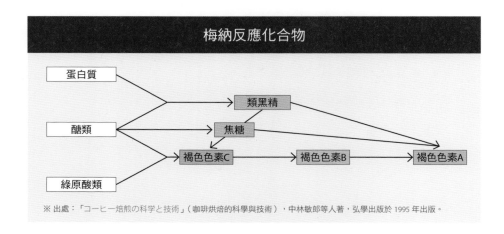

※ 出處：「コーヒー焙煎の科学と技術」（咖啡烘焙的科學與技術），中林敏郎等人著，弘學出版於 1995 年出版。

12 透過電子舌知道的事

電子舌（日本 INSENT 公司製造的電子味覺分析系統）的使用者主要是食品企業，也廣泛應用在醫療等領域。五種味覺偵測器可分別偵測前味與餘韻，共計八種味道，可用來比較自家公司與其他公司的商品、開發新商品等。

電子舌顯示的數字代表強度，無法分析成分與風味的品質，因此複雜的咖啡成分讓電子舌很難判斷精品咖啡的品質。根據以往分析許多樣本得到的結果可知，電子舌的酸味、苦味、鮮味偵測器可用在感官品評上。

在下一頁的圖表是 2022 年衣索比亞瑰夏谷（Gesha Village）的瑰夏品種（Gesha，與巴拿馬藝妓品種 [Geisha] 不同，容易產生混淆）競標拍賣會的樣本，採用電子舌檢測後，得到酸味、苦味、鮮味、醇厚度的數據資料，而競標拍賣會評審給予的評分偏高是 89.9 ～ 93.5 分（與電子舌的數字有些不一致），不過感官品評的結果和電子舌數據之間的相關性系數是 r=0.6643，有正相關性。

電子舌的內容		
感測器	前味	餘韻
酸味	酸味（檸檬酸、醋酸、酒石酸）	
鮮味	鮮味（胺基酸）	鮮味、醇厚度（胺基酸）
苦味	苦味、雜味（來自苦味物質）	苦味（苦味物質）
澀味	澀味（刺激味）	澀味（兒茶素、單寧）
鹹味	鹹味（氯化鈉等）	

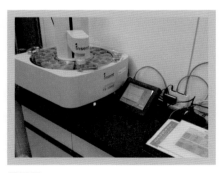

電子舌

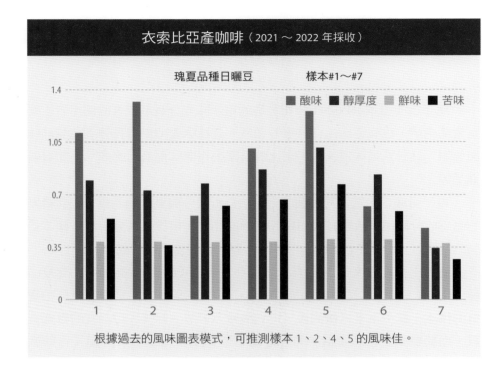

衣索比亞產咖啡（2021 ～ 2022 年採收）

瑰夏品種日曬豆　　　樣本#1～#7

酸味　醇厚度　鮮味　苦味

根據過去的風味圖表模式，可推測樣本 1、2、4、5 的風味佳。

　　從圖表上可比較各屬性之間的強度。例如：由圖表可知，#2 的酸味比 #7 強。但是嚴格來說，屬性不同的東西無法比較強度。例如：#1 的酸味和苦味何者較強，這點無從得知。不過我們可從風味的圖表模式推測風味的品質。

　　此外，與水洗豆相比，日曬豆樣本的電子舌數字容易失準，推測是乾燥狀態、發酵等因素的影響，同時測試水洗豆與日曬豆也一樣無法看出相關性。日曬豆有時甚至無法在國際級的感官品評上取得共識，評價太兩極也會影響到相關性。

CHAPTER **5** 評鑑咖啡品質的方法

1 何謂感官品評（試飲）

　　咖啡的品質有高低等級之分，因此需要以客觀的基準作為評鑑方式。感官品評 （試飲）[56] 是以五感（視覺、聽覺、味覺、嗅覺、觸覺）評價事物的過程與方法，可分為「喜好型感官品評」以及「分析型感官品評」，前者從消費者主觀的喜好提出好不好喝、好不好吃的評價，後者則從客觀的角度評鑑咖啡品質的優劣。

　　本書的採用的是分析型感官品評，利用既定的方法與品評標準，判斷「與之前喝過的咖啡相比，風味好喝的程度？」因此，需要具備咖啡相關的基本知識。

　　此外，傳統的商業咖啡感官品評，主要是在找出缺點風味的負面評價；而精品咖啡的感官品評，則是在找出咖啡好風味的正面評價。

　　這種客觀的感官品評，對於制定符合咖啡品質的價格、建立健全的咖啡流通市場來說非常重要，對於生產國、消費國的咖啡從業人員與消費者來說，也有存在的必要。

　　想要測出這些風味，需要親身體驗各種咖啡，學習什麼是優質的酸味？什麼是順口的苦味？先天味覺卓越的人極少，因此必須透過正確的感官品評，才能夠認識咖啡的風味。

56　出處：「食の官能評 入門」（食的感官品評入門），大越洋、神宮英夫編著，光生館於 2000 年出版（目前最新版次為 2009 年）。

生產國精品咖啡的等級劃分

在日本，市面上流通著各種不同品質的咖啡，咖啡的品質有高低之分，一般來說品質較好的咖啡會比較好喝。

咖啡生產國的生豆品質，多半是根據①每 300g 生豆中的瑕疵豆數量、②顆粒大小、③種植的海拔高度等來劃分等級，來做為出口的規格（參見下表）。這些等級劃分標準沿用已久都沒有調整，實際的情況下可能會遇到一些問題，例如高等級的生豆可能混入許多奎克豆（Quakers，烘焙後未熟的咖啡豆）或不夠新鮮的豆子，導致等級與實際品質不相符，再加上這些等級劃分缺乏一致的感官品評標準，一般人以為高等級豆的風味比較好，但也有發生低等級豆的風味更出色的情況。

各生產地的出口等級劃分	
生產國	精品咖啡的等級與規格
哥倫比亞	特選級（Supremo）是篩網 S17以上，上選級（Excelso）是 S14～S16。特選級的等級固然較高，但上選級也有不少風味絕佳的豆子。
瓜地馬拉	以海拔高度來決定等級，價格也隨之不同。SHB（Strictly Hard Bean，極硬豆）是海拔1,400公尺以上、HB（Hard Bean，硬豆）是海拔1,200～1,400公尺、SH（Semi Hard Bean，半硬豆）是海拔1,100～1,200公尺、EPW（Extra Prime Washed，特優質水洗豆）是海拔900～1,100公尺。
衣索比亞	以扣分決定等級，分為：G-1（扣0～3分），G-2（扣4～12分），G-3（扣13～25分），G-4（扣26～46分）。
坦尚尼亞	主要以篩網尺寸[57]決定等級。AA 級是至少有90%的生豆可通過 S18篩網，A 級是至少有90%的生豆可通過 S17篩網，B 級是至少有90%的生豆可通過 S15～16篩網，C 級是至少有90%的生豆可通過 S14篩網。另外還有珍貴的圓豆。

關於其他生產國的等級區分，請參見國際咖啡組織（ICO）的介紹 icc-122-12e-national-quality-standards.pdf (ico.org)。

57　篩網尺寸表示篩孔大小，單位是 64 分之 1 英吋（1 英吋＝ 25.4 公釐）。例如：S18 表示 18 號篩網，孔徑是 64 分之 18 英吋。

由於各生產國的生豆品質沒有統一的標準，所以美國精品咖啡協會（現在的精品咖啡協會）訂定出新的阿拉比卡種水洗精品咖啡豆的「生豆分級」與「感官品評」，並逐漸獲得國際共識。

好的咖啡有濃郁的香氣、清爽的酸味、滑順醇厚的口感、甘甜的餘韻，澄淨的咖啡液；而摻雜過多瑕疵豆的咖啡，喝起來則是混濁、有雜味。

巴西咖啡的分級法（COB 法[58]）

巴西咖啡有很多種分級方式，其中一種是扣分法，把等級分成 Type2 到 Type8，其中等級較低的 Type4/5 在日本也廣泛流通。

出口等級	巴西分級法
巴西	Type2（No2）＝扣0〜4分 Type2/3＝扣5〜8分 Type3＝扣9〜12分 Type3/4＝扣13〜19分 Type4＝扣20〜26分 Type4/5＝扣27〜36分 Type8＝扣分37分以上

· 主要的扣分是摻雜黑豆、發酵豆、蟲蛀豆、未熟豆、破裂豆、帶殼豆等。
· 此外還有按照篩網尺寸等的分級方式。

篩網（Screen）

篩網是測量生豆大小的工具。一般而言，巴西分級法的 S18 代表生豆無法通過孔徑 64 分之 18 英吋的篩孔，包含大於這個尺寸的生豆。

分級	S20	19	18	17	16	15	14	13
Brazil	7.94公釐	7.54公釐	7.14公釐	6.75公釐	6.35公釐	5.95公釐	5.56公釐	5.16公釐

58　COB（The Brazilian Official Classification），巴西官方鑑定法。

3 精品咖啡協會的生豆分級法

咖啡的風味受到生豆品質的影響很大，每個生產國也有各自的生豆分級標準，但實際的情況卻是高等級的生豆不代表就有好風味，這是因為生產國與消費國對於品質的價值觀有落差。

因此，精品咖啡協會開始推廣以瑕疵豆數量分等級的生豆分級法（Green Grading），更進一步設計新的感官品評表（Cupping Form，又稱杯測表），內容共計 10 個項目，滿分 100 分，取得 80 分以上的咖啡就是精品咖啡，79 分以下

的就是商業咖啡，以此區隔。但是，這種分級法只適用於阿拉比卡種的水洗豆[59]。

生豆分級是檢查 350g 生豆中的瑕疵豆數量，並將瑕疵豆分為類別 1 和類別 2。認證成為精品咖啡的是必須沒有類別 1（黑豆、發酵豆等嚴重破壞風味）的瑕疵豆，且類別 2（不會破壞風味）的瑕疵豆扣分未達 5 分。

此外，在其他檢查項目中，篩網尺寸規定在 S14 ～ S18，水分含量為 10 ～ 12％，而且 100g 的烘焙豆中沒有奎克豆。

59　詳細內容請參考精品咖啡協會數位商店（coffeestrategies.com）販售的 Washed Arabica Green Coffee Defect Guide。
60　（5-1）的意思是找到 5 顆就扣 1 分。

阿拉比卡種水洗豆的分級
Washed Arabica Green Coffee Grade

瑕疵豆（defect beans）

類別 1	英文	成因及風味
黑豆	Full Black（black bean）	掉在地上因發酵、真菌造成損傷，有令人不喜的發酵味
發酵豆	Full Sour（sour bean）	在發酵槽內產生，或果肉去除太慢等，有發酵味
乾燥果實／莢	Dried cherry pods	乾燥的咖啡櫻桃，有發酵味、異味
發霉豆	Fungus Damaged	真菌造成損傷，或在加工處理過程發生，有令人不喜的味道
異物	Foreign Matter	木片和石子
蟲蛀豆	Severe Insect Damage（Insect Damaged Bean）	蟲蛀嚴重，蛀孔多，發現5顆扣1分

一旦咖啡生豆混入任何一顆瑕疵豆（蟲蛀豆例外），都無法成為精品咖啡等級。

類別 2	英文	成因及風味
局部黑豆（3-1）	Partial Black	局部有真菌造成的損傷
局部發酵豆（3-1）	Partial Sour	局部發酵，有發酵味
輕微蟲蛀豆（10-1）	Slight Insect Damage	有蟲蛀洞，味道混濁
未熟豆（5-1）[60]	Immature	尚未成熟的生豆，有銀皮附著，有澀味
漂浮豆（5-1）	Floater	密度低的生豆，會在水中浮起，乾燥不良等引起
凋萎豆（5-1）	Withered	生豆表面有皺紋，發育不良等造成
破裂豆（5-1）	Broken/Chipped	主要在帶殼豆的脫殼加工過程中產生
貝殼豆（5-1）	Shell	內部空洞的貝殼狀生豆，發育不良（遺傳因素）等造成
帶殼豆（5-1）	Parchment	內果皮脫殼不完全
外皮、殼（5-1）	Hull/Husk	黴菌、苯酚造成，污染的味道

即使是熟悉區分生豆等級的資深咖啡師，每項目也要花費約 20 分鐘挑揀，所以當樣本多的時候，會需要人力的支援。

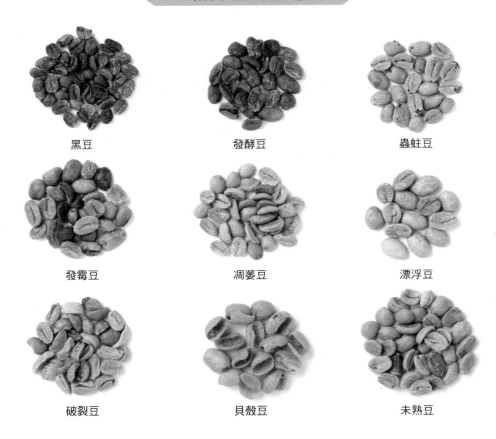

瑕疵豆的狀態

黑豆　　　　　　　發酵豆　　　　　　　蟲蛀豆

發霉豆　　　　　　凋萎豆　　　　　　　漂浮豆

破裂豆　　　　　　貝殼豆　　　　　　　未熟豆

生豆的顏色

經過水洗處理法的新鮮生豆顏色是藍綠色（Blue Green），隨著時間愈久，生豆會
逐漸從綠色（Green）轉為黃色（Yellow），日曬處理法的生豆則是略帶黃色的綠色。

4 精品咖啡協會的感官品評（杯測法）

精品咖啡協會的感官品評稱為「杯測法」，品評的目的：①評鑑樣本之間的感官差異，②描述並記錄樣本的風味，③作為商品選擇的依據等。品評的過程是分析特定的風味屬性，對照過去的經驗按照數字標準為參考依據，因此必須遵循既定的評審方式進行，本身必須要有豐富的經驗。

品評的方法是，將鑑定為精品級的生豆烘焙後進行杯測。杯測取得80分以上（滿分100分）是精品咖啡，79分以下是商業咖啡，以此為劃分。現在咖啡品質協會（CQI）[61] 也利用這種方式培養 Q Grader（認證鑑定師具有使用 SCA 感官品評表評鑑阿拉比卡種咖啡的專業知識與技能），使得 SCA 杯測法成為國際通用的準則，日本的日本精品咖啡協會也有提供 Q Grader 的培訓課程。

SCA 的感官品評表（杯測表）評鑑並記錄乾香氣／溼香氣（Fragrance／Aroma）、風味（Flavor）、餘韻（Aftertaste）、酸度[62]、醇厚度、均衡度（Balance）、甜度（Sweetness）、澄淨度（Clean Cup）、一致性（Uniformity）、整體評價（Overall）這10種香味要素。是有缺點風味存在。給分範圍在 6 ～ 10 分，以 0.25 分為單位作加減分，最終分數若達 80 分以上，即為精品咖啡。

雖然 SCA 感官品評適合專業人士使用，但是一般消費者也可當作認識咖啡風味的參考。

61　咖啡品質協會官網：https://www.coffeeinstitute.org。
62　翻譯參考來源：農業部茶及飲料作物改良場 https://www.tbrs.gov.tw/ws.php?id=4847。

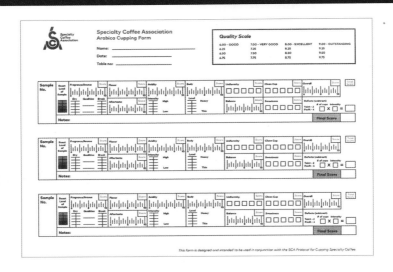

感官品評項目

評分項目為下列 10 項，各項目的滿分是 10 分，總計 100 分。如果有扣分[63]，將從總計分數扣掉，算出來的就是最終分數（Final Score）。

評分項目	內容
Fragrance 乾香氣／Aroma 濕香氣	從咖啡粉的乾香氣、注入熱水後的濕香氣、泡沫瓦解的香氣這三方面給分。
Flavor 風味	口腔的味覺與穿過鼻腔的嗅覺，結合而生成氣味的強度、品質與複雜性。
Aftertaste 餘韻	喝下咖啡或吐出咖啡後，餘味停留的持久度。
Acidity 酸度	討喜舒服的酸味稱為「明亮」，不討喜的酸味多半以「好酸（死酸）」形容。
Body 醇厚度	液體在口腔內的觸感，尤其是指舌頭與上顎之間感覺到的觸覺。評鑑不是看厚重或輕盈，而是在嘴裡的質感是否舒服愉快。
Balance 均衡度	給分標準在於風味、餘韻、酸度、醇厚度如何達成互補與平衡。
Sweetness 甜度	甜味，會受到蔗糖等的影響。與之相對的詞彙是「酸澀味（Astringent，葡萄酒術語）」。
Clean Cup 澄淨度	從喝下的第一口到最後的餘韻，沒有一絲負面印象的透明感。
Uniformity 一致性	杯測時，每一種樣品咖啡豆要沖煮五杯，這五杯咖啡的風味是否均一。
Overall 整體印象	評審對樣本的綜合評價。

63　關於扣分：Taint（小瑕疵）是指明顯的風味缺陷，常出現在濕香氣；Fault（大缺陷）是味道上的問題，兩者均會扣分。

精品咖啡協會的杯測規則

　　精品咖啡協會不以過去由生產國主導的品質標準，以及消費國進口商與烘豆業者自行制定的品質標準，而是根據科學分析結果，結合咖啡粉粒徑、水粉比例、萃取溫度等，制定全新的感官品評規章（Cupping Protocols）[64]。

SCA 杯測規章的部分內容	
容器	使用強化玻璃或瓷器。
烘焙時間	烘焙時間8分鐘以上、12分鐘以內，立刻以空氣進行冷卻，裝入密封容器放在陰暗處（標準是20℃）保存。
烘焙度	烘焙顏色是中度烘焙的程度（參見精品咖啡協會咖啡烘焙度色卡[65]）
實施	烘焙完8小時過後、24小時之內[66]杯測完畢。
樣本製作	以8.25g 粉對150ml 水的比例，製作5份樣本。
咖啡粉粒徑	粒徑比濾紙濾杯用的略粗。（咖啡粉須通過篩網20號約840μm）
準備	分別測量，杯測前一刻才磨豆，並在15分鐘內注入93℃熱水，熱水要裝滿到杯緣，靜置4分鐘之後開始評鑑。

64　出處：www.SCAA.org/PDF/resources/cuppingprotocols.pdf。
65　烘焙色是根據 SCA Agtron Roast Color，在日本相當於中度烘焙的顏色（色卡可在精品咖啡協會的商店購買）。
66　個人杯測也可選在烘焙完 2 ～ 3 天過後，風味較容易出現。

6 精品咖啡協會的杯測步驟

世界各地的出口貿易商、咖啡莊園、進口商、烘豆業者等咖啡業界的相關人士，大多採用下列步驟進行杯測。其中，步驟 5 在使用湯匙攪拌三次時，要留意別攪動到沉澱在底下的咖啡粉。隨著杯測的經驗越來越多後，就能夠進行評鑑了，堀口咖啡研究所的試飲講座，也是按照這個杯測順序進行。

杯測的順序		
	SCA的杯測法	堀口咖啡研究所的方法
1	樣本烘焙到中度	使用 Panasonic「The Roast」烘豆機
2	每個樣本分別準備5份	準備3杯樣本
3	把樣本磨成粉，嗅聞香氣	磨成略粗的粒徑，嗅聞香氣
4	注入93℃的熱水，嗅聞香氣	嗅聞香氣2～3次
5	等待4分鐘，破壞表面泡沫，嗅聞香氣	嗅聞泡沫破裂時的香氣
6	撈除表面的泡沫	去除泡沫
7	等降溫到70℃以下，以湯匙嘗試風味	樣本可喝下也可吐掉
8	填寫杯測表	進行記錄與比較

日本精品咖啡協會的感官品評

　　COE 網路拍賣競標於 1999 年首次舉辦，日本精品咖啡協會在 2003 年成立時也沿襲 COE 使用的杯測表，後來舉辦初級、中級杯測講座等，也使用同樣方式進行感官品評。

　　因此，本書也採用 SCA 杯測法進行感官品評。各項目的評分是：風味 8 分，餘韻印象度 8 分，酸度 8 分，口腔觸感（口感）8 分，均衡度 8 分，杯子的澄淨度 8 分，甜度 8 分，整體印象 8 分，總計最高是 64 分。滿分是 100 分，因此最後會加上 36 分的基本分，再算出總分。各項目的分數在 0 ～ 5 分時，是以 1 分為單位加減分；在 6 ～ 8 分之間時，是以 0.5 分為單位加減分。[67]

日本精品咖啡協會的評分標準 [68]	
風味（Flavor）	包括味覺與嗅覺。形容方式是「花香、令人想到水果的風味」等。
餘韻印象度（After Taste）	咖啡喝下後持續的風味。會根據甜味是否持續、是否有不討喜的刺激味等做出判斷。
酸度（Acidity）	評分對象不是酸味的強度，而是酸味的品質。根據明亮、清爽、酸味細緻的程度給分。
口腔觸感（Mouth Feel）	評分的對象不是觸感的強弱，而是含在口中感覺到的黏稠度、密度、濃度、滑順感等。
均衡度（Balance）	檢查風味是否協調？例如，有沒有哪個味道特別突出？或是否有欠缺？
杯子的澄淨度（Clean Cup）	完全沒有雜質或沒有風味缺點、瑕疵，這樣的咖啡就會評為風味有透明感。
甜度（Sweetness）	可看出咖啡櫻桃採收時的熟度良好，風味中帶有甜味。
整體印象（Overall）	例如，風味是否有深度？風味是否具有複雜性、立體感？風味特性是否單純？是否符合咖啡愛好者的喜好？

67　根據最後總計得分決定等級。85 ～ 89 分是特級精品咖啡，80 ～ 84 分是精品咖啡，75 ～ 79 分是高級商業咖啡，69 ～ 75 分是商業咖啡，68 分以下是低等級的商業咖啡。
68　出處：一般社團法人日本精品咖啡協會（scaj.org）。

挑選咖啡杯

—1—

　　咖啡杯的尺寸應有盡有，一般來說會以下列的方式分類，但這不是嚴格的定義，杯子的容量也更多變。除了馬克杯之外，咖啡杯都會有成套的杯碟。

咖啡杯的容量（裝滿到咖啡杯緣的量）			
杯子的種類	Cup	容量 ml	補充
馬克杯	Mug	250～350左右	杯身是有厚度的大圓筒形（不一定有握把）。
標準杯	Regular	150～180左右	多數都有握把，而且是杯盤組，主要是根據咖啡的濃度選用不同款式。
濃縮咖啡迷你杯	Demitasse	80～100左右	
義式濃縮咖啡杯	Espresso	40～60左右	

各種馬克杯

挑選咖啡豆

∅ ∅ ∅

如同 PART 2 中提過的,咖啡的品質有好壞之分,想
要記住咖啡的風味,最重要的是先品嘗優質風味的好咖啡。
不過,咖啡的種類繁多,想要認識風味並不容易,但是比
起盲選瞎猜,還是要秉持明確的標準選擇,才能夠更快理
解咖啡的風味。本章將選擇好咖啡的判斷關鍵分為①咖啡
處理法、②產地、③品種、④烘焙度這四大主題分別介紹。
希望各位盡量在值得信賴的店家選購優質好咖啡,才能夠
更快學會咖啡的風味,不至於白繳了學費。

CHAPTER 1 從不同的處理法挑選咖啡豆

1 何謂處理法

處理法（Processing）的目的是去除果肉和內果皮，使生豆適合運輸、儲藏、烘焙。大致上可以分成水洗法（濕式）與日曬法（乾式），不同的處理法會大幅影響風味。除此之外，還有半日曬法（Pulped Natural，也稱為自然脫除果膠法，哥斯大黎加稱為蜜處理 [Honey Processing]），這種方式必須配合產地的地形、水源、環保法規等進行。

咖啡櫻桃

最重要的是，各位必須了解每種處理法都是在追求生豆含水量的穩定、抑制微生物（包括酵母、黴菌等真菌、醋酸菌等菌類）等影響產生的發酵味。

各種處理法的差異			
	水洗	半日曬（蜜處理）	日曬
去除果肉	○	○	×
果膠層[69]	在水槽去除100%	多半不去除	×
乾燥、脫殼	內果皮[70]乾燥後去除	內果皮乾燥後去除	咖啡櫻桃乾燥後脫殼
生產國	哥倫比亞、中美洲各國、東非	巴西、哥斯大黎加、其他	巴西、衣索比亞、葉門

69　果膠層（Mucilage）是附著在內果皮的溼滑醣類黏液。
70　內果皮（Parchment）是包裹咖啡果實種子的淺褐色外皮。

② 水洗處理法

水洗法（Washed Processing）是去除果肉，使附著在內果皮的果膠層（醣類黏液）發酵後，再水洗乾燥的處理法，可分為濕處理（Wet mills，去除果肉到乾燥為止）與乾處理（Dry mills，脫殼到篩選為止）這兩項加工過程。

衣索比亞、盧安達、肯亞等地的東非小農採收咖啡櫻桃後，會送去稱為水洗站（Washing Station）的水洗加工廠。哥倫比亞等地的小農則是利用小型去果肉機，而東帝汶的小農是使用手動去果肉裝置清除果肉，再把帶殼豆送進水槽、讓果膠層自然發酵，隨後再行水洗，並且把完成的濕帶殼豆曬乾，接著送到乾處理廠去殼，進行比重篩選、篩網尺寸篩選。

1 在採收階段盡量只採收完全成熟的果實，果肉到了第二天就會發酵，因此要在採收當天利用去果肉機（Pulper）去除果肉。在這個階段，篩選出成熟豆與未熟豆之後，由水管把種子送進發酵槽（分為泡水與不泡水兩種），讓果膠自然發酵（中美洲海拔 1,600 公尺左右的產地等室外氣溫如果偏低，則需要發酵約 36 小時），再徹底水洗。發酵時間如果過長，種子恐怕會沾染發酵味。

摘下咖啡櫻桃（左）送往集中站（右）

果膠[71]經過酵素與微生物的分解產生酸、糖醇（醣類的一種）等，影響風味。

收集咖啡櫻桃（上），使用去果肉機（下）去除果肉

2　　帶殼豆經由水管等送到曬果場，在混凝土地面、紅磚地面或棚架等攤開，放置約一週晾乾，直到水分含量剩下約 12％。晾乾期間每天要翻拌多次。過度乾燥會產生破裂豆，但不夠乾燥會產生微生物，造成損傷或有發霉的風險，也會加速生豆品質劣化的速度。

在發酵槽（左）去除果膠層（黏液），隨後送到曬果場（右）晾乾

71　果膠層是由 84.2％水、8.9％蛋白質、4.1％砂糖、0.91％果膠、0.7％礦物質等所構成（出處：Coffee fermentation and flavor/Food chemistry/2015）。

3 | 晾乾的種子放在穀倉或倉庫保存，避免持續乾燥同時也讓含水量均勻，準備出口的帶殼豆再以脫殼機（Hulling Machine）去殼變成生豆。帶殼豆的重量本來是咖啡櫻桃的 24％，去殼後的生豆剩下約 19％的重量。最後，10kg 的咖啡櫻桃會製成約 2kg 的生豆。

4 | 接下來生豆會經過比重篩選機[72]、篩網篩選機、電子篩選機等，最後是手選等的篩選流程，生豆多半會變成漂亮的藍綠色到綠色，很少有銀皮附著。有妥善加工處理的生豆，酸味明顯，而且有澄淨不混濁的風味。

有時最後還需要經過一道手選流程（左），存放在倉庫（右）或穀倉可穩定含水量等生豆的成分

5 | 位在山坡地、缺乏曬果場且水源充足的產地，主要是採用水洗處理法，但去除果肉排出的廢水含有微生物等，容易污染環境，而且除下的果肉會產生發酵味。因此哥斯大黎加等產地均有設置淨化池等處理排出的廢水。

利用日曬乾燥

72　篩網篩選是根據豆子大小，比重篩選是根據豆子重量，電子篩選是根據豆子顏色篩選，手選是利用人力徒手剔除瑕疵豆。

東帝汶咖啡小農採用的處理法

採收後，剔除未熟的咖啡櫻桃等，接著泡水清除雜質。

使用手動式去果肉機去除果肉，再將帶殼豆泡水發酵。在高海拔的低溫環境，
果膠層難以發酵，所以需要一邊徒手清洗一邊手工剝除果膠層。

乾燥作業結束後，把種子送到首都帝利的加工廠脫殼秤重。

最後裝進麻袋，堆放到貨櫃裡出口，運抵日本的港口倉庫。

③ 日曬處理法

　　日曬法（Natural Processing）的處理過程，是直接將咖啡櫻桃曬乾後，才脫殼製成生豆。採用日曬處理法的傳統生產國，包括巴西、衣索比亞、葉門等，以及亞洲圈及剛果種的生產國，中南美洲的低等級咖啡也是使用日曬處理法。

　　巴西的大型咖啡莊園使用大型農具採收種植在廣大土地上的咖啡樹果實，而中等規模的咖啡莊園是以人力將果實連同枝葉打落在地墊上採收，這些方式都有很高的機率混入未熟果，因此有時在處理時也會採用半日曬法。

　　大多採用日曬處理法的衣索比亞產地，果實中會混入很多未熟果，導致品質低劣（G-4 等級等），所以 G-1 等級會先以人工揀選方式剔除未熟果實，再以電子篩選機進行篩選，最後再用手選篩選。

　　2010 年左右起，中美洲、尤其是巴拿馬開始挑戰高品質日曬豆。這種咖啡豆在剛起步的階段酒精發酵味很刺鼻，風味也不佳，但後來逐漸改善，已經能夠產出風味澄淨的日曬豆，到了 2015 年左右起，藝妓品種也可以採日曬處理法。

　　這種發酵味在品質管理上被視為是負面味道，但最近也有愈來愈多咖啡相關人士把這種味道當成是水果風味，日曬豆也因此逐漸受到歡迎。只不過，發酵味畢竟是處理過程中所造成的傷害，所以需要有嚴格的試飲作把關。

正在曬乾的咖啡櫻桃

曬乾的咖啡櫻桃

4 日曬法比水洗法更具風味的獨特性

　　日曬豆在日曬過程會受到微生物的影響，因此大多伴隨著發酵味，但是到了 2010 年之後，咖啡農細心挑選在低溫場所或背陽處曬豆的方式逐漸普及，也因此提升了日曬豆的品質，日曬豆的風味也變得更多樣化。以我個人來說，我喜歡日曬豆沒有乙醇味、有葡萄酒般豐富的水果風味，但是在國際上尚未訂出好壞標準。

　　日曬精品咖啡的誕生，能夠降低水的消耗，減輕環境負擔，原本採用水洗處理法的生產國也有愈來愈多人嘗試改用日曬法。現階段，我建議各位可以先從巴拿馬等地產的日曬豆、衣索比亞產、葉門產的日曬豆之間的風味差異開始認識起。

　　下列圖表是衣索比亞與葉門的優質日曬豆（城市烘焙），經過感官品評及電子舌檢測得到的結果。

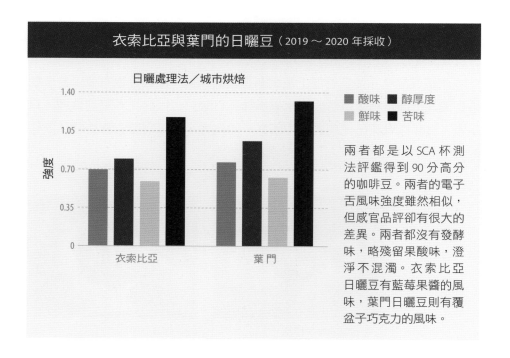

衣索比亞與葉門的日曬豆（2019 ～ 2020 年採收）

日曬處理法／城市烘焙

酸味　醇厚度
鮮味　苦味

強度
1.40
1.05
0.70
0.35
0

衣索比亞　　葉門

兩者都是以 SCA 杯測法評鑑得到 90 分高分的咖啡豆。兩者的電子舌風味強度雖然相似，但感官品評卻有很大的差異。兩者都沒有發酵味，略殘留果酸味，澄淨不混濁。衣索比亞日曬豆有藍莓果醬的風味，葉門日曬豆則有覆盆子巧克力的風味。

⑤ 巴西採用三種處理法

　　把咖啡櫻桃放入水槽藉此作篩選，過熟果會浮起，成熟果與未熟果會下沉。將過熟果送去日曬，下沉的成熟果與未熟果送進去果肉機；假如未熟果的果肉太硬無法剝除，就會先曬乾。經過這道處理流程，就能夠排除未熟果等，減少瑕疵豆混入。

　　去除果肉的成熟果以保留果膠層的帶殼豆狀態乾燥，稱為半日曬法，這個處理法在 2010 年左右，因為巴西的卡爾莫德米納斯產區（Carmo de Minas）[73] 生產的咖啡豆獲得 COE 等的高度評價，因此有愈來愈多咖啡農也跟著採用。不過，日曬豆與半日曬豆的生豆外觀難以區分，感官品評上也難以分辨兩者的風味差別。

　　另一方面，去掉果肉的帶殼豆放入滾筒，再以日曬或乾燥機乾燥內果皮，這種處理方式稱為半水洗（Semi-Washed，SW）。相較於日曬法與半日曬法，半水洗處理的生豆隱約有「帶酸味的澄淨風味」。

巴西的除異物水洗地熱處理機

日曬乾燥

73　譯注：「Carmo de Minas」的直譯是「米納斯吉拉斯州的卡爾莫鎮」，但更常見的譯名是「卡爾莫德米納斯」（音譯），因為巴西有多個城市同樣叫卡爾莫，因此需要加上州名區分。卡爾莫在葡萄牙文的意思是「聖母瑪利亞山」。

但是，巴西產的生豆在流通過程中，經常出現半日曬豆與半水洗豆混淆的情況。

　　去果膠層後的廢水會造成環境污染，因此咖啡農會設置淨化池沉澱殘留物，減少排入河川的廢水污染環境。

日曬法的陰乾

半日曬法的乾燥方式

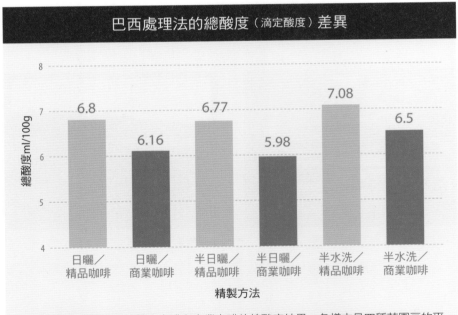

上圖為測量三種處理法精品咖啡與商業咖啡的總酸度結果，各樣本是四種莊園豆的平均值。半水洗法的總酸度看起來比日曬法、半日曬法更高。精品咖啡在所有處理法上的總酸度皆高於商業咖啡。精品咖啡與商業咖啡之間存在 $p < 0.01$ 的顯著性差異。

6 哥斯大黎加的蜜處理

　　哥斯大黎加的蜜處理法，是在果實採收的 24 小時之內去除果肉，將帶果膠層的帶殼豆在太陽下曝曬約 14 天，直到水分含量剩下 12％左右，這也是高海拔產地的微型處理廠（micro mill）經常使用的方式。當然有時也會受到天候影響使用乾燥機，而非放在太陽下曝曬。

　　基本上與半日曬法相同，但部分業者會利用機器調整果膠層去除率，依據果膠量的多寡，可再區分為不同程度的蜜處理。果膠層去除 90至 100％，稱為白蜜處理（White Honey），去除 75 至 50％為黃蜜處理（Yellow Honey），去除 50 至 10％的是紅蜜處理（Red Honey），果膠維持在 100％的為黑蜜處理 （Black Honey）等。果膠層會附著大量微生物，這些微生物會在發酵過程中進行代謝（微生物體內的化學反應），進而產生某種風味。

　　在下一頁的圖表，是使用電子舌檢測哥斯大黎加網路競標（Exclusive Coffees Private Auction）微型處理廠各種蜜處理藝妓品種豆（2021 ～ 2022年採收）的結果。

微型處理廠的天日乾燥

去果肉機

由於各樣本的生產者不同，因此無法明確標示蜜處理的差異，不過可以明確地知道不同的處理法會影響風味。

競標評審的感官品評由白蜜處理開始，依序是 93.26 分、89.59 分、90.68 分、92.16 分、93.25 分，全都是偏高的分數。但是電子舌檢測發現樣本的酸味有些凌亂，和感官品評的相關性系數是 r=0.2449，無正相關性；原因可能是不同處理法的生豆難以進行感官品評，以及電子舌無法檢測處理法的微妙差異等。

哥斯大黎加

以我個人來說，品質愈高的咖啡豆，比較適合選擇接近水洗法的白蜜處理法，展現澄淨細緻的風味，但美國的烘豆業者等會要求產地採用各種不同的處理法。

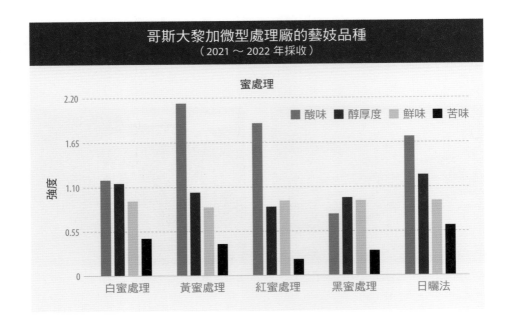

⑦ 溼剝處理法（蘇門達臘法）

蘇門答臘多雨，因此在傳統的作法是以生豆的狀態快速乾燥。日本從戰前就開始飲用蘇門答臘的曼特寧咖啡豆，歷史悠久，擁有許多支持者。而在美國，也有不少人喜愛其異國風味。

蘇門答臘北部的咖啡小農以小型手動工具去除咖啡果實的果肉，曝曬約半天（溼帶殼豆狀態，亦即水分含量約 30～50％）後，裝進麻袋等保存，再把帶殼豆賣給掮客。帶殼豆暫時以帶著果膠層的狀態保存，微生物會在這過程中代謝果膠層的糖、酸與其他化合物。

接下來溼帶殼豆就會送進加工廠去除附著的果膠層，並以生豆的狀態乾燥約 10 天。因為蘇門答臘多雨且濕度高，所以採用生豆狀態乾燥是為了加快乾燥的速度。不過，由於水分含量高的生豆在乾燥過程中，仍然會受到外在環境影響，因此造就出蘇門答臘獨特的風味。

下頁表是我以印尼蘇門答臘林東產區的精品咖啡與商業咖啡（等級 3 ＝ G-3）曼特寧為樣本，進行感官品評的結果。

以手動式去果肉機（上）去除果肉（中），再將帶殼豆泡水去雜質（下）

曼特寧的原生種風味有明確的柑橘酸味，也有青草、草地味、香草等的風味，而且生豆的纖維軟，放一年風味就會大幅改變。蘇門答臘產的咖啡多半是阿藤（Ateng）等卡帝汶系列的品種，酸味弱，風味略重，因此很容易分辨。

蘇門答臘林東產區咖啡（2019～2020年採收）

精品咖啡酸味強，有醇厚度，生豆的鮮度沒有劣化，與商業咖啡的風味差異明顯。

	pH 值	脂質（%）	酸價	感官品評	SCA 分數
精品	4.80	17.5	3.60	滑順的口感／檸檬的酸味／芒果的甜味／青草地／檜木／杉樹／森林香	90.0
商業	5.00	16.0	7.80	感覺不到酸味／泥土味／混濁感強烈	68.0

蘇門答臘咖啡小農的乾燥方式

蘇門答臘的手選

未經修整的咖啡樹

曼特寧的生豆

8 引出好的發酵風味

咖啡櫻桃採收下來後，會受到微生物（酵母把糖分解成酒精和二氧化碳）等的影響。微生物一進入果實，就立刻開始代謝果實內的糖與酸，這個過程會持續到種子乾燥完畢、水分含量剩下 11 ～ 12％為止，而且過程中可能會產生異味，比方說取下的果肉會產生強烈的發酵味。

日曬法的曬乾天數，會受到日照、氣溫、在混凝土地面或在棚架（底下通風）曬乾、是否攪拌等影響而不同。日曬法的乾燥時間比水洗法更長，容易有腐敗、過度發酵、發霉等潛在風險，因此日曬法需要更多的心力與勞力。

至於水洗處理法，一旦混入過熟豆，或是咖啡櫻桃的果肉太晚去除、在發酵槽內泡太久等，就會產生發酵味這種異味。

巴西、衣索比亞等產地的商業咖啡日曬豆，多半有不討喜的發酵味，就是因為處理過程出問題。這些發酵味包括果肉發酵味、乙醇味、酒精發酵味、刺鼻味等，所以列為瑕疵風味（Off-flavour）。

日曬法

半日曬法

但是在 2010 年後，日曬精品咖啡的乾燥技術逐漸提升，能夠產生果香、酒香（如紅酒般的風味）等好風味。在日曬豆的試飲上，能否分辨不討喜與討喜的發酵風味相當重要。

日曬豆的發酵風味

2010 年之後，衣索比亞、葉門、中美洲等的咖啡產區開始推出優質的日曬豆。日曬豆的個性比水洗豆明顯強烈許多，在追求新風味的潮流中，對於日曬豆與水洗豆的評分標準也變得不明確。

優質日曬豆的風味	劣質日曬豆的風味
細緻的紅酒、細微的日曬味、李子果乾、覆盆子巧克力	果肉發酵味、酒精發酵味、乙醇味、味噌、氧化的紅酒、樟腦、石油、油脂味

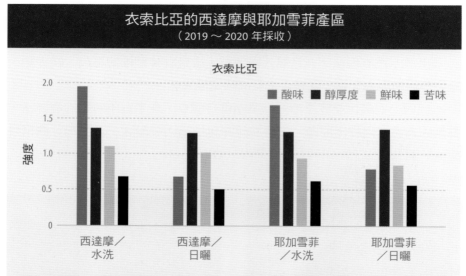

圖表是以電子舌檢測西達摩產區（Sidama）與耶加雪菲產區（Yirgacheffe）的水洗豆、日曬豆的結果。這四種咖啡豆在我的感官品評（SCA 杯測法）是 85 分以上的優質豆，都是精品咖啡且風味澄淨。圖中可看出水洗豆的酸味較日曬豆強，日曬豆可感覺到些許的發酵味，但又充滿果香，所以評鑑為優質日曬豆。感官品評評分和電子舌數據的相關性系數為 r=0.9740，正相關性極強。

⑨ 厭氧發酵的新嘗試

　　大家似乎不太知道咖啡也是一種發酵食品，咖啡在處理過程中會發酵，其中一種是好（ㄏㄠˋ）氧發酵（Aerobic Fermentation），是在有氧環境中可生存的微生物所引起的發酵；另外一種是厭氧發酵（Anaerobic Fermentation），是在沒有空氣（氧氣）可生存的微生物所引起的發酵。對咖啡的風味來說，採取哪一種發酵方式，都是相當重要的挑戰。

　　咖啡櫻桃採收後，受到產地的酵母與其他微生物的影響，放置一天就會產生發酵味。這種臭味有部分會轉移到種子上，變成感官品評的瑕疵味，因此採收下來的的咖啡櫻桃必須在當天晚上去除果肉等，謹慎管理。但是，也有人從「有效利用酵母」的角度出發，進行各種不同的嘗試，例如讓咖啡櫻桃經過厭氧發酵，產生不同以往的風味等。

裝著咖啡櫻桃的容器

在容器內進行發酵的咖啡櫻桃

　　只要把咖啡當成發酵食品，善加利用發酵作用的想法也就變得很合理，但也大幅改變了原有的價值觀，因此也有人質疑這些方法真的健全嗎？最大的問題點在於，以人工方式製造特殊風味，會使得產地風土與品種等的概念失去意義。

以下列舉幾項類似厭氧發酵的例子。

厭氧發酵

①把咖啡櫻桃裝進密封容器（相當於汽油桶的大小），從氣閥抽掉空氣，等酵母自然增加後，進入乾燥步驟。這是最普遍的作法，不過酵母的種類等缺乏分析，因此風味也缺乏穩定性，再加上準備大型容器有困難度，因此無法量產。

②在①的容器內，加入用咖啡櫻桃培養的酵母。

③有時也會加入附著在咖啡櫻桃之外的其他酵母（麵包酵母等），也有人添加酵母之外的乳酸菌等。過多的人力干涉，使咖啡變成了二次加工食品。

④還有一種方式是模仿葡萄酒的「二氧化碳浸漬法（Carbonic Maceration）」，在容器內充填二氧化碳，利用酵素促進發酵。

⑤再來還有稱為「雙重厭氧發酵（Double Fermentation）」的方法，在無氧環境下讓酵母發生酒精發酵，隨後再加入乳酸菌。

⑥最近還有更多不同的方法，例如：加入熱帶水果或肉桂等香料，或加入酒石酸、葡萄酒酵母等，什麼情況都有。除了這些之外，世界各地也開始嘗試各種方法，想要製造出風味與眾不同的咖啡。

———————————

厭氧發酵是全新的處理法，但是在評價的好壞上尚未達成共識。我個人認為，給予評價的人，必須先充分了解傳統處理法的風味，才能夠對這種新方式發表意見。因此一開始必須先正確認識水洗豆與日曬豆的風味差異，才能夠了解咖啡的風味。

我分別以 2019 ～ 2020 年、2020 ～ 2021 年、2021 ～ 2022 年採收、來自 10 國以上產地的厭氧發酵豆進行試飲。優質咖啡豆的酸味柔和且有甜味，但也不少帶有乙醇味、酒精發酵味。以酒來形容的話，傳統日曬豆是紅酒風味，厭氧發酵豆感受到的更類似威士忌或蘭姆酒這類的風味。

過度人為的厭氧發酵法一旦普及，不但會使得咖啡變成二次加工食品，也擔心民眾會因此而忽略了咖啡風味的本質。我認為咖啡產地有義務要制定相關規則或標示處理法。

　　下表是我針對巴西卡杜艾品種厭氧發酵豆，利用 SCA 杯測法的感官品評及電子舌檢測的結果。樣本是①在太陽下曝曬 7 天的日曬豆、②在真空水槽裡發酵的厭氧發酵豆、③注入二氧化碳的二氧化碳浸漬豆，以及④利用「雙重厭氧發酵法」加工再加入乳酸菌的咖啡豆。與卡杜拉品種的好氧發酵豆相比，厭氧發酵豆、二氧化碳浸漬豆皆有些微的發酵味；雙重厭氧發酵豆有強烈的酒精發酵味，所以得分不高。

巴西厭氧發酵豆（2021 ～ 2022 年採收）

	水分	pH 值	總酸度	脂質量	SCA	風味
日曬法	9.4	5.03	8.29	18.57	81	花香、巧克力
厭氧發酵法	9.0	5.03	7.34	18.12	83	蜂蜜、香草、香料
二氧化碳浸泡法	9.3	5.07	6.46	18.00	80	酸味弱、威士忌
雙重厭氧發酵法	9.0	5.08	8.00	15.62	75	乙醇、混濁

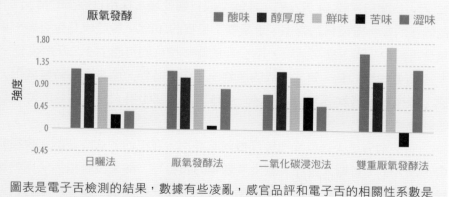

圖表是電子舌檢測的結果，數據有些凌亂，感官品評和電子舌的相關性係數是 r=0.9184，正相關性極強。

10 乾燥方式的比較

　　乾燥的方式包括：把帶殼豆①攤開在塑膠布上（如巴布亞紐幾內亞、東帝汶等產地零星的咖啡小農），②攤開在混凝土、磁磚、紅磚等表面（如中美洲各國等），③攤開在兩～三層的棚架上（如平地較少的哥倫比亞等），④攤開在網架上（非洲的作法，後來流行到其他生產國），⑤攤開在帳篷下的背陽處（如希望提升品質的生產者）等。

　　天日乾燥[74] 經常使用網架，通常會在初期階段把咖啡櫻桃或帶殼豆在網架上攤開成薄薄一層，並且頻繁翻拌，去除水分。使用網架，空氣方便從四面八方通過咖啡櫻桃；仔細翻拌能夠使果實乾燥得更平均，而且不易發酵。

　　乾燥需要一定的時間，還會受到日照、氣溫、濕度影響。陽光直曬過於強烈的話，咖啡櫻桃只有表面會曬乾。除此之外，白天和夜晚的濕度很高的話，微生物會帶來很大的影響，所以有時需要蓋上遮陽布或是挪到陰暗處、倉庫等地方。大致上，水洗法需要 7 ～ 10 天，半日曬法需要 10 ～ 12 天，日曬法需要 14 天左右，才能完成日曬乾燥。採用日曬法的情況下，乾燥後的咖啡櫻桃稱為乾果，重量剩下果實的 40％，脫殼成為生豆後，重量會再減少一半，換句話說，10 公斤的咖啡櫻桃約可產生 2 公斤的生豆。

　　有乾燥機的話，對於高溫的產地、下雨的時候、產量多的時候就很方便。機械式乾燥機通常設定在 40 ～ 45℃；溫度如果太高，生豆的鮮度很快就會產生變化。

　　有些地方是天日乾燥與乾燥機同時並用，在巴西的咖啡莊園（規模較中美洲大）、哥斯大黎加大量生產咖啡的農會等，如果沒有積極使用乾燥機就會趕不及出貨。在這些產地都可看到滾筒式乾燥機，以及從下方送進熱風的攪拌式乾燥機等。

　　乾燥完成的生豆，如果是水洗豆會是綠色，如果是日曬豆就會是淡綠色且殘留銀皮（生豆表面的薄膜），所以烘焙完的咖啡豆，中央凹線的銀皮會變黑。

74　此處原文為「天日乾燥」，通常稱為「日曬」，但是這裡為了避免與兩大處理法中的「日曬法（自然處理法）」混淆，因此使用「天日乾燥」的名詞，水洗處理法的生豆也會用天日乾燥。

各生產國的天日（機械）乾燥作業

只有葉門採用日曬處理法，其他產地是水洗處理法。

葉門

衣索比亞

肯亞

坦尚尼亞

瓜地馬拉

巴拿馬

薩爾瓦多

哥倫比亞

蘇門答臘（印尼）

巴布亞紐幾內亞

夏威夷

吹風機

【中南美洲篇】

主要生產國中南美洲

瓜地馬拉
巴拿馬
薩爾瓦多
哥倫比亞
哥斯大黎加
巴西
秘魯

　　巴西咖啡約占日本生豆總進口量的35％，對日本人來說是知名度最高、風味也最熟悉的咖啡。哥倫比亞也同樣是非常有名的咖啡產地，不過，一樣在南美洲的秘魯、玻利維亞、厄瓜多等咖啡，卻鮮為人知。因此這裡將特別以一整頁的篇幅，介紹進口量相對較高的秘魯產咖啡。此外，中美洲是指連接北美洲與南美洲的墨西哥到巴拿馬這段狹長地形（地峽），臨近太平洋與大西洋，知名的咖啡產地包括瓜地馬拉與哥斯大黎加等。但還有其他許多生產國，而各生產國的咖啡品質與風味皆不同，於此頁附上地圖，方便讀者了解各國的相對位置。日本在過去三十年進口許多中美洲國家生產的咖啡豆，因此接下來也將分別介紹它們的特徵。

巴西
Brazil

產量（2021～2022 年）
59,000 千袋（每袋 60 公斤）

DATA

海　拔｜450 ～ 1,100 公尺

採　收｜5 ～ 8 月

品　種｜阿拉比卡種 70%，科尼倫品種（Conilon，剛果種之一）30%，其中細分為新世界品種（Mundo Novo）、波旁品種、卡杜艾品種、馬拉戈吉佩品種（象豆）

處理法｜日曬法、半日曬法、半水洗法

乾　燥｜天日或乾燥機

出口等級｜根據扣分分為 Type 2 到 Type 8

概要

　　巴西是全球最大的咖啡生產國，約占全球收成量的 35%。因此每年度的產量增減都會嚴重影響到生豆的交易價格。

　　巴西的五大產區收成量如下表所示。

喜拉朵產區

州	產量 （每袋60公斤）	生產比例
米納斯吉拉斯州 Minas Gerais	28500千袋	48%
聖埃斯皮里圖州 Espírito Santo	16700千袋	28%
聖保羅州 São Paulo	5300千袋	8%
巴拉拿 Paraná	1100千袋	2%
巴伊亞州等 Bahia等	7700千袋	14%

出處：Brazil Coffee Annual 2019（ICO）。

黃波旁品種

等級

　　巴西的出口等級是以「300g 中的瑕疵豆數量」、「篩網尺寸（生豆大小）」分級。舉例來說，標示「巴西 No.2 Screen16up」的生豆，意思就是：①瑕疵豆數量扣 0 ～ 4 分，②可通過 16 號篩網（孔徑 16/64 英吋，6.40 公釐）但無法通過 18 號篩網（孔徑 18/64 英吋，6.35 公釐）。16 號篩網（S16）是巴西咖啡豆的標準尺寸，更大的生豆會以 S17、S18 等標示，但整體的產量很少。

pH 值與感官品評

　　從各產區海拔 1,000 公尺處採收的 7 種精品咖啡，經過中度烘焙後檢測 pH 值，並由 16 位試飲講座評審團以 SCA 杯測法進行感官品評。

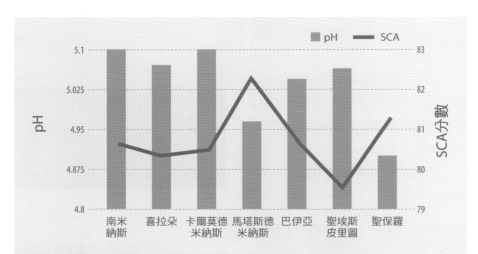

感官品評的結果，除了聖埃斯皮里圖是 79.6 分之外，其他都是 80 分以上，其中又以馬塔斯德米納斯（Matas de Minas）[75] 產區的 82.2 分最高。平均分數是 80.85 分，高低落差沒有太大。此外，pH 值是在 pH4.91 ～ 5.1 的範圍內，平均值 5.04。在這些樣本之中，馬塔斯德米納斯產區與聖保羅產區的樣本的酸味略強，感官品評分數分別是 82.2 分與 81.2 分，比其他產區高，感官品評和 pH 值的相關性系數是 r=-0.6120，有負相關性；由此可知酸味會影響評分結果：pH 值愈低，感官品評的分數愈高。

75　譯注：「Matas de Minas」的直譯是「米納斯吉拉斯州的森林」，音譯為「馬塔斯德米納斯」，其中的馬塔斯在葡萄牙文是森林的意思。

卡爾莫德米納斯產區的咖啡莊園

莊園曬乾生豆的景象

莊園的收成

聖保羅的咖啡店

　　或許因為巴西大部分的地形是高原，各產區的海拔高度、氣溫、雨量差距相對較小，所以咖啡豆的風味沒有明顯的差異，感官品評也很難評分。或許也是因為如此，巴西開發了相當多的咖啡品種，現在日本流通的巴西咖啡，主要是新世界品種、卡杜艾品種、波旁品種等。

　　巴西咖啡在日本用得最多，多數人也比較習慣它的風味，所以學習咖啡風味時，可以先從巴西咖啡的風味開始掌握。與同樣位在南美洲的哥倫比亞水洗豆相比，很容易分辨出兩者的風味差異。

巴西咖啡的基本風味

酸味偏弱但醇厚度較強，會在舌頭上留下些許的粗糙感，與水洗豆生產國的澄淨風味有微妙的質感差別。

2 哥倫比亞
Colombia

產量（2021～2022年）
12,690 千袋（每袋 60 公斤）

DATA

產　　地	安第斯山脈南北縱走，土壤是火山灰土
栽　　種	平均氣溫 18～23℃
咖啡農	多數是小農
採　　收	北部是 11～隔年 1 月，南部是 5～8 月，每年可收成兩次，為主要採收期（main crop）與次要採收期（sub crop）。
品　　種	直到 1970 年代為止的主流是鐵比卡品種，後來改種卡杜拉品種和哥倫比亞品種，現在 70% 的栽種面積是卡斯提優品種與哥倫比亞品種，剩下的 30% 是卡杜拉品種等。
處理法	水洗法
乾　　燥	天日

概要

　　哥倫比亞是產量位居世界第三的主要生產國，儘管產地海拔位置高，地理條件得天獨厚，但政治局勢不穩等種種因素，使得哥倫比亞產的咖啡風味每年落差大。但是自 2010 年之後，政局漸趨安定，哥倫比亞國家咖啡生產者協會努力輔導咖啡農，再加上出口貿易商等持續開拓產區，使得咖啡的品質逐漸提升，薇拉省、納里尼奧省等南部產的優質咖啡也因此開始流通。除此之外，桑坦德（Santander）、托利馬（Tolima）、考卡（Cauca）等各

托利馬省

納里尼奧省

省，也成為主要的咖啡產區。

等級

出口等級依照篩網尺寸大小，分為特選級（S17 以上、S16 ～ S14 最多摻入 5%），以及上選級（S16、S15 ～ S14 最多摻入 5%），S14 以上就可以出口。此外，瑕疵豆的比例、是否有異味、是否有蟲、顏色是否均勻、含水比例、杯子澄淨度等，也是評鑑的標準。

主要流通的精品咖啡生豆是 S16 以上，而且產區、莊園名稱、品種等產銷履歷標示清楚明確。

只摘採完全成熟的咖啡櫻桃

咖啡莊園的苗床

哥倫比亞咖啡的基本風味

北部的西薩省（Cesar）和北桑坦德省（Norte de Santander）等地，是少數種植鐵比卡品種的產區，咖啡有清爽的柑橘果酸。南部的薇拉省產的咖啡有類似柳橙的酸味，以及飽滿、有濃縮感的醇厚度，風味均衡；而納里尼奧省產的咖啡則有類似檸檬的明確酸味與醇厚度。

感官品評

　　下圖是哥倫比亞薇拉省產的三種精品咖啡與三種商業咖啡的總酸度、脂質含量的比較結果（16 位試飲講座評審團）。精品咖啡的總酸度與脂質總含量，都比商業咖啡高（總酸度影響酸味的品質，脂質總含量會影響滑順感與醇厚度）。而感官品評分數和「總酸度＋脂質總含量」的相關性系數是 r=0.9815，正相關性極強。

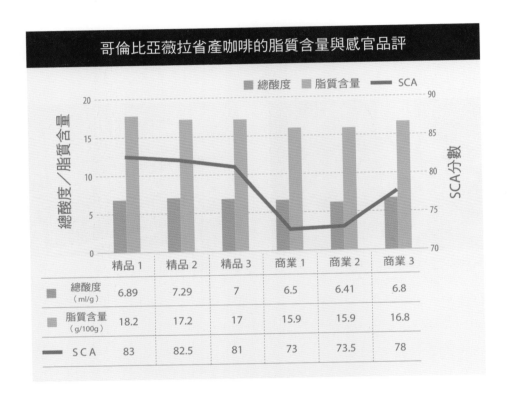

哥倫比亞薇拉省產咖啡的脂質含量與感官品評

		精品 1	精品 2	精品 3	商業 1	商業 2	商業 3
■	總酸度（ml/g）	6.89	7.29	7	6.5	6.41	6.8
■	脂質含量（g/100g）	18.2	17.2	17	15.9	15.9	16.8
—	S C A	83	82.5	81	73	73.5	78

　　哥倫比亞產的咖啡展現出不同產區的風味多樣性，請各位在喝之前，先確認產區。基本上，風味會是柑橘果實的清爽酸味，與恰到好處的醇厚度平衡的溫和順口咖啡。

乾燥作業

3 | 秘魯
Peru

產量（2021～2022 年）
3,850 千袋（每袋 60 公斤）

DATA
海　拔｜1,500～2,000 公尺
咖啡農｜85%是農地 3 公頃以下的小農
採　收｜3～9 月
品　種｜鐵比卡品種 70%，卡杜拉品種 20%等
處理法｜水洗法
乾　燥｜天日、機械

概要

秘魯的咖啡莊園大多是小規模的家族經營，其中有 85%是農場面積小於 3 公頃的小農。雖然在市場上並不顯眼，但秘魯是日本進口較多咖啡的主要國家之一，其咖啡產量甚至超過中美洲的瓜地馬拉和哥斯大黎加。不過，由於秘魯咖啡產地的海拔較高，基礎設施不完善，因此生豆品質有一些問題。

秘魯的咖啡莊園

2018 年 8 月，秘魯外貿暨觀光推廣局（PromPerú）推出「秘魯咖啡（Cafés del Perú）」的商標，目的在提升咖啡之國秘魯的海外形象，同時也為了促進秘魯國內對國產咖啡的消費。尤其是 2010 年之後，秘魯逐漸取得認同，成為高品質咖啡豆的新興產地。

北部卡哈馬卡（Cajamarca）、亞馬遜（Amazonas）和聖馬丁（San Martín）三個產區的咖啡產量，占全國產量的 60%以上。主要種植的品種包括鐵比卡、卡杜拉和波旁等。

等級

水洗豆的分級，主要是看瑕疵豆的篩選。最嚴格的方法是先進行機械篩選（比重篩選和篩網篩選），再來使用電子篩選機篩選，最後進行手選，即 ESHP（Electronic Sorted & Hand Picked，即電子篩選和手選）。精品咖啡等級的關鍵是風味特徵。

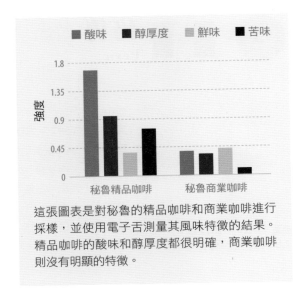

這張圖表是對秘魯的精品咖啡和商業咖啡進行採樣，並使用電子舌測量其風味特徵的結果。精品咖啡的酸味和醇厚度都很明確，商業咖啡則沒有明顯的特徵。

感官品評

這些樣本是來自一家種植多款品種的咖啡農園，由於風味實在太出色，我在此放上自己的評價。秘魯的精品咖啡品質與 10 年前相比有顯著的提升，但市場流通量不大。各位如果找到生產履歷明確的秘魯咖啡豆，請務必試試看。

				秘魯的莊園咖啡（2019〜2020 年採收）[76]
品種	烘焙	pH 值	SCA	感官品評
藝妓	H	5.1	88	藝妓品種特有的香氣、華麗的酸味、餘韻甜
鐵比卡	C	5.2	92	花香、澄淨清爽的柑橘果酸
波旁	C	5.2	90	明確的酸度和層次分明的醇厚度
帕卡馬拉	C	5.2	87	烘焙程度愈深，風味就會偏重，但仍保有華麗的果酸風味
卡杜拉	FC	5.5	84	舌尖上略帶甜苦的餘韻

76　烘焙程度 H 為中度烘焙，C 為城市烘焙，FC 為深城市烘焙。SCA 感官品評是使用 25g 咖啡粉，總計等待 2 分 30 秒，萃取出 240ml 的咖啡液，再使用 SCA 杯測表進行評分。

4 哥斯大黎加
Costa Rica

產量（2021～2022年）
1,470 千袋（每袋 60 公斤）

DATA

產　　區	塔拉珠（Tarrazu）、中央谷地（Central Valley）、西部谷地（West Valley）、圖里亞爾瓦（Turrialba）
咖啡農	小農占多數，部分是大型咖啡莊園，但現在微型處理廠也在擴大發展
採　　收	10～隔年 4 月
品　　種	卡杜拉品種、卡杜艾品種、維拉薩奇品種（Villa Sarchi，意思是薩奇村）
處理法	水洗法、蜜處理法
乾　　燥	天日、乾燥機

概要

　　哥斯大黎加可說是自 2010 年以來變化最大的產地。1990 年代，哥斯大黎加咖啡在日本的知名度不高，遠遠落後於瓜地馬拉。當時哥斯大黎加的大型咖啡農組織，例如：塔拉珠的多塔（Dota）合作社、西部谷地的帕爾馬雷斯（Palmares）合作社等十分發達，生產者會將咖

西部谷地的大規模咖啡莊園

啡櫻桃送到合作社旗下的水洗加工廠大量處理。哥國的每個地區都有農會（合作社）組織，是中美洲最具效率的產地。

　　自 2000 年之後，哥斯大黎加咖啡協會（Instituto del Café de Costa Rica，ICAFA）開始將產區分為塔拉珠、中央谷地、西部谷地、圖里亞爾瓦、三河流域（Três Rios）、奧羅西（Orosi）、布倫卡（Brunca）等，並向消費國介紹不同產區的咖啡。

等級

　　哥斯大黎加咖啡的等級是根據海拔和產區劃分。著名的塔拉珠產區位於高海拔地區，因此大多數咖啡豆屬於 SHB（1,200 ～ 1,700 公尺）等級，最大咖啡產地西部谷地產區的咖啡豆則是 GHB（1,200 ～ 1,500 公尺）等級。近年來，隨著微型處理廠等的興起，咖啡樹的種植範圍擴展到了海拔更高的地區，因此傳統的分級方式已經逐漸失去意義。精品咖啡品質很高，目前（2022 年截稿為止）受到世界各地的進口商和烘豆業者的關注。

微型處理廠的誕生

　　2000 ～ 2001 年，受到巴西、越南等國產量增加的影響，國際咖啡價格暴跌，咖啡生產者無法獲得足夠的收入，愈來愈多人轉作或棄農。哥斯大黎加的小農們開始思考如何打造自家的微型處理廠，設置加工處理設備自己動手去除果肉、進行乾燥，為咖啡品質增加附加價值。

　　到了 2000 年代末期，微型處理廠開始得到國際認可，咖啡生產者們開始投資購買去果肉機、脫膠機（去除果膠的機器）等設備，擺脫對大型合作社的依賴，自由生產咖啡豆。

　　1990 年以後，哥國主要栽種哥斯大黎加咖啡協會推薦的卡杜拉品種，但近年來微型處理廠的生產者們開始嘗試種植鐵比卡、藝妓、SL、衣索比亞系列等各式各樣品種的咖啡，目前哥斯大黎加已有超過 200 家微型處理廠，為高品質咖啡的生產提供重要貢獻。

去果肉機

感官品評

哥斯大黎加微型處理廠咖啡豆的科學數據與感官品評 （2018 ～ 2019 年採收）						
產區	pH 值	脂質	酸價	蔗糖	SCA	感官品評
西部谷地	4.95	17.2	1.91	7.90	87.5	有口感順口的黏稠度
塔拉珠	4.90	16.4	3.43	7.85	85.25	柑橘果實的甜酸味

※SCA 是指以 SCA 杯測法評鑑的分數。

　　上表是對微型處理廠咖啡豆進行分析的數據和感官品評的結果。pH 值愈低，酸味愈強；酸價的數字愈低，表示脂質氧化（劣化）的程度愈低。脂質和蔗糖的數字愈高，表示成分含量（g/100g）愈高。由表可知，西部谷地產咖啡豆的脂質含量和蔗糖含量高，脂質劣化的程度低，因此感官品評的得分高。

　　哥斯大黎加的微型處理廠生產者普遍採用半日曬處理法（蜜處理法）。這種處理法影響了許多生產國，並且有愈來愈多生產者也開始採用。

品質管理

哥斯大黎加咖啡的基本風味

哥斯大黎加產的微型處理廠咖啡豆是以高品質的精品咖啡流通於市面上，因此非常值得推薦。這種咖啡酸味清晰，醇厚度飽滿，滋味豐富。

5 瓜地馬拉
Guatemala

產量（2021～2022 年）
3,778 千袋（每袋 60 公斤）

DATA

海　拔｜600～2,000 公尺

產　區｜安提瓜、阿卡特南果（Acatenango）、阿蒂特蘭
　　　　（Atitlán）、薇薇特南果（Huehuetenango）

採　收｜11 月～隔年 4 月

品　種｜波旁品種、卡杜拉品種、卡杜艾品種、帕切品
　　　　種（Pache）、帕卡馬拉品種

處理法｜溼式處理、在混凝土或紅磚等材質的曬果場天
、乾燥　日乾燥

出口規格｜SHB（1,400 公尺以上）、HB（1,225～1,400
　　　　公尺）

概要

　　自 2000 年代初以來，瓜地馬拉國家
咖啡協會（Asociación Nacional del Café，
ANA CAFÉ）[77] 一直積極向消費國宣傳其
產地的特色。目前瓜地馬拉咖啡的主要產
區劃分為 8 個，分別是安提瓜、阿卡特南
果、阿蒂特蘭、科班（Cobán）、薇薇特南
果、法漢尼斯（Fraijanes）、聖馬科斯（San
Marcos）和新東方（Nuevo Oriente）。

（上）安提瓜產區（中）阿蒂特
蘭產區（下）薇薇特南果產區

77　成立於 1960 年，是瓜地馬拉咖啡部門的代表機構，負責制定和實施
　　咖啡政策，並藉由促進咖啡生產和出口來增強國民經濟。

78　星巴克在銀座店開幕之前，曾在成田機場開設直營店，現在已撤櫃。

安提瓜產區

安提瓜產區是由水火山（Volcán de Agua）、火火山（Volcán de Fuego，又稱富埃戈火山）和阿卡特南果火山這三座火山環繞，火山灰土孕育出的優質咖啡始終享有盛譽。該產區的咖啡價格高於其他產區，所以混摻出售的情況屢見不鮮，因此各咖啡農於 2000 年組織了安提瓜生產者協會（Asociación de Productores de Café Genuino Antigua，APCA），由 39 個莊園組成，並在正宗的安提瓜咖啡麻袋上印有「Genuine Antigua Coffee」的標誌。1996 年星巴克 [78] 在銀座開設日本第一家門市後，曾有一段時間在菜單上同時列出瓜地馬拉安提瓜與哥倫比亞納里尼奧這兩種咖啡。安提瓜古城擁有石板路和色彩繽紛的建築，是著名的觀光旅遊景點。

感官品評

薇薇特南果產區也生產優質的咖啡。圖表顯示的是 2021 年艾茵赫特莊園（El Injerto）網路競標拍賣樣本經過電子舌檢測的結果，該莊園的帕卡馬拉品種咖啡具有柑橘果酸和覆盆子果醬的甜味，風味絕佳。

> **瓜地馬拉咖啡的基本風味**
>
> 安提瓜產區的咖啡特徵是具有甜美的花香、明亮的酸味和複雜的醇厚度，是一款出色的咖啡，也代表波旁種咖啡的基本風味。近年來該產區開始種植各式各樣的咖啡品種，但我還是建議各位先認識安提瓜產區的波旁品種風味。

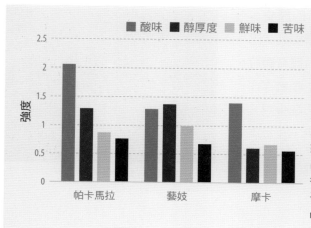

藝妓品種的樹苗是從巴拿馬翡翠莊園移植而來。摩卡品種（Moka）則是非常罕見的小顆粒咖啡。20 位試飲講座評審團以 SCA 杯測法進行評分，結果帕卡馬拉品種獲得 90 分，藝妓品種獲得 88 分，摩卡品種獲得 85 分，得分都很高。感官品評分數和電子舌數據的相關性系數達 $r=0.9998$，正相關性極強。

6 巴拿馬
Panama

產量（2021 ～ 2022 年）
115 千袋（每袋 60 公斤）

DATA
海　拔｜1,200 ～ 2,000 公尺
產　區｜博克特、沃肯（Volcán）
採　收｜11 月～隔年 3 月
品　種｜藝妓品種、卡杜拉品種、卡杜艾品種、鐵比卡
　　　　品種等
處理法｜水洗法，部分採日曬處理法
乾　燥｜天日、乾燥機

概要

2004 年，翡翠莊園的藝妓品種首度在巴拿馬最佳咖啡大賽（Best of Panama，BOP）[79] 中亮相，其冷卻後如鳳梨汁的風味，震驚了全球的咖啡業界。

巴拿馬與其他國家的咖啡生產者也對這個品種產生興趣，2010 年代開始有愈來愈多的咖啡農開始種植藝妓咖啡，因此巴拿馬最佳咖啡大賽也逐漸變成藝妓咖啡的競標拍賣會。2020 年，藝妓咖啡在競標拍賣會上獲得了 SCA 95 分的高分。藝妓品種自首次亮相至今已有近 20 年的歷史，其風味的知名度仍在不斷提高。巴拿馬的博克特和沃肯地區擁有獨特的風土條件，許多咖啡生產者專注於生產高品質、高價位的咖啡豆。藝妓品種咖啡的產量較少，在日本的進口量也非常少。

沃肯產區的咖啡莊園

79　巴拿馬咖啡協會主辦的網路競標拍賣會，以 SCA 杯測法在國內進行審查後，再根據國際評審的評分選出。

感官品評

　　圖表顯示 5 個咖啡莊園在巴拿馬最佳咖啡大賽中獲獎的藝妓品種水洗豆（W）的電子舌檢測結果。除了 W1 之外，風味模式均相似。拍賣評審的評分是 W1=93.5、W2=93.5、W3=93、W4=93、W5=92.75，均為高分且差異不大。感官品評分數和電子舌數據的相關性係數是 r=0.9308，正相關性極強。

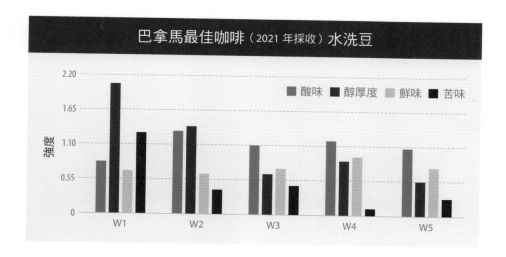

藝妓品種的花

藝妓品種

　　巴拿馬產的藝妓品種價格高昂，但其果香馥郁的風味無與倫比，如果有機會，不妨嘗試一下。

藝妓品種的花

藝妓品種咖啡樹

7 薩爾瓦多
El Salvador

產量（2021～2022年）
507 千袋（每袋 60 公斤）

DATA

海　拔	1,000～1,800 公尺
產　區	阿帕內卡（Apaneca）、聖安娜（Santa Ana）
採　收	10 月～隔年 3 月（採遮蔭栽培）
品　種	波旁品種、帕卡馬拉品種、帕切品種
處理法	水洗法
乾　燥	天日

概要

　　這個珍貴產地擁有許多古老的波旁品種咖啡樹。除此之外，帕卡馬拉品種是由薩爾瓦多咖啡研究所開發，並於 2000 年之後逐漸為人所知。

　　帕卡馬拉品種在 2005 年的瓜地馬拉卓越杯（COE）中獲得第一，

薩爾瓦多的火山

從而享譽全球。傳統的優質波旁品種是以柑橘類酸味為主，而帕卡馬拉品種則增添了覆盆子般的華麗香氣。

　　主要產地包括阿帕內卡和聖安娜，其中日本進口則以阿帕內卡產的生豆為主；不過，該產地也經常受到葉鏽病的侵害。薩國生產的咖啡以波旁品種占 60％，其他品種還包括帕卡馬拉、帕切和卡杜拉。

等級

　　薩國的咖啡等級是根據海拔高度劃分，嚴選高海拔生長（Strictly High Grown，SHG）為 1,200 公尺以上，高地生長（High Grown，HG）為

900 ～ 1,200 公尺，中央標準（Central Standard，GS）為 500 ～ 900 公尺。

感官品評

　　下表是針對 2019 ～ 2020 年採收的水洗豆樣本進行感官品評的結果，以及電子舌測量，SCA 杯測法的分數是 16 位試飲講座評審團的平均分數；這個波旁品種樣本的鮮度略差，其他樣本均是精品咖啡等級。

　　如圖表的電子舌數值所示，SL 品種的酸味數值突出，帕卡馬拉品種和馬拉戈吉佩品種的風味模式大致相同。感官品評分數和電子舌數據的相關性系數是 r=0.6397，有正相關性。

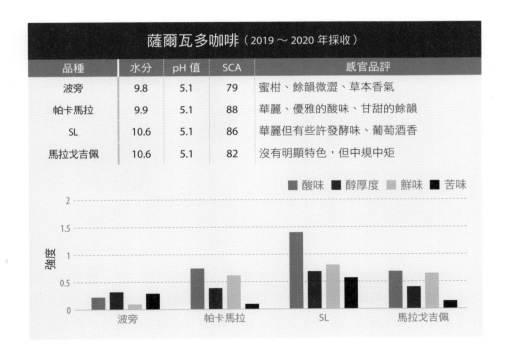

薩爾瓦多咖啡（2019 ～ 2020 年採收）

品種	水分	pH 值	SCA	感官品評
波旁	9.8	5.1	79	蜜柑、餘韻微澀、草本香氣
帕卡馬拉	9.9	5.1	88	華麗、優雅的酸味、甘甜的餘韻
SL	10.6	5.1	86	華麗但有些許發酵味、葡萄酒香
馬拉戈吉佩	10.6	5.1	82	沒有明顯特色，但中規中矩

■ 酸味　■ 醇厚度　■ 鮮味　■ 苦味

薩爾瓦多產帕卡馬拉品種咖啡的基本風味

風味方面，可分為兩種模式，一種是鐵比卡品種系列的絲滑優雅，另一種是波旁品種系列的醇厚中帶有華麗果實感，建議各位先嘗試薩爾瓦多代表性的帕卡馬拉品種。優質咖啡會帶有絲滑甜味，其中也有一些會帶著華麗風味。

【非洲篇】

風味多半華麗的非洲咖啡

衣索比亞
肯亞
坦尚尼亞
盧安達

　　東非地區的咖啡生產國包括衣索比亞、肯亞、坦尚尼亞、盧安達、馬拉威、烏干達和蒲隆地。除此之外,在撒哈拉沙漠以南的幾內亞、象牙海岸、多哥等西非地區,地處內陸的中非共和國、剛果、喀麥隆、安哥拉,以及印度洋上的馬達加斯加等地,也廣泛種植咖啡。東非生產的咖啡以阿拉比卡種為主(但烏干達是剛果種較多),而中非和西非地區則是以剛果種為主。

咖啡儀式（Coffee ceremony）[80]

衣索比亞
Ethiopia

產量（2021～2022年）
7631 千袋（每袋 60 公斤）

DATA

海　拔｜1,900 ～ 2,000 公尺

產　區｜耶加雪菲、哈拉爾（Harar）、吉馬（Jimma）、卡法（Kaffa）、利姆（Limu）、沃雷加（Wollega）

採　收｜10 月～隔年 2 月

品　種｜當地的原生品種

咖啡農｜小農（農地平均 0.5 公頃）

處理法｜商業咖啡幾乎是日曬法，精品咖啡是水洗法和日曬法

概要

　　日本將部分衣索比亞生產的咖啡稱為「摩卡」，與「葉門咖啡」一樣，哈拉爾產區的咖啡也以「摩卡哈拉爾」的名稱流通。西達摩、哈拉爾、吉馬等產區的咖啡大多採用日曬處理法，因此常有瑕疵豆混入並帶有發酵風味，不過衣索比亞咖啡在日本卻很受歡迎，許多一般大眾常喝的咖啡都是「摩卡特調配方」。

衣索比亞是咖啡生產國中咖啡消費量最大的國家。照片是我去衣索比亞考察時喝到的濃縮咖啡。

80　咖啡儀式是為了款待客人而設計以一套儀式製作咖啡，通常由女性製作。

<u>等級</u>

　　衣索比亞咖啡的等級是根據 300g 咖啡豆中的瑕疵豆數量決定。G-1 是 0 ～ 3 顆瑕疵豆，G-2 是 4 ～ 12 顆，G-3 是 13 ～ 27 顆，G-4 是 28 ～ 45 顆，G-5 是 46 ～ 90 顆。瑕疵豆的混入量實際上往往會超過等級標準，作為精品咖啡的咖啡豆大多是 G-1 和 G-2 等級。

衣索比亞咖啡的品質管理流程

生豆樣本（左），檢查生豆的扣分（中），過篩檢查大小（右）

烘焙樣本豆（左、中），磨成粉（右）

注入熱水，檢查風味是否有問題

耶加雪菲產區

　　1990 年代中期，耶加雪菲產區的 G-2 水洗豆首次少量進口到日本，我當時也購買了一些，那是我第一次感受到衣索比亞咖啡的果香並為之震撼。進入 2000 年代後，耶加雪菲產區出現了新的水洗加工站，提升了去果肉的

過程中篩除未熟果的精準度，耶加雪菲 G-2 水洗豆的流通量也因此增加，大眾也逐漸認識它的果香。然而那時可購買的樣本數量還很少，風味也不穩定，因此在混合其他品種做成配方豆時，令我非常猶豫（我在採購生豆的這條路上，也經歷過不少失敗）。

耶加雪菲的加工站正在進行日曬處理法的乾燥作業

到了 2010 年代，耶加雪菲的 G-1 水洗豆誕生，風味的穩定性顯著提升。2015 年左右，幾處加工站開始生產風味澄淨的 G-1 日曬豆。衣索比亞精品咖啡的歷史，可以說是由耶加雪菲產區咖啡所推動。

耶加雪菲咖啡的基本風味

衣索比亞 G-1 水洗豆具有濃郁的香氣和華麗的酸味，以柑橘類果酸為主，並帶有藍莓、檸檬茶等的特徵，有時還會感受到哈密瓜、桃子等香氣。多數時候，甜美的餘韻會持續很長一段時間。生豆採用城市烘焙後，酸味更飽滿，醇厚的口感也更有深度，達到良好的平衡。採用法式烘焙的話，咖啡會留下柔和的酸味和苦味，而且餘韻中帶有甜味。

G-1 日曬豆的風味與傳統的日曬豆截然不同，G-4 中常見的發酵味幾乎消失了，具有華麗的果香和南法紅葡萄酒般的風味。即使採用法式烘焙，也能保持滑順的醇厚感，有時還會感受到覆盆子巧克力和薄酒萊葡萄酒般的甜草莓風味。我十分欣賞發酵系風味不過度強烈的日曬豆優雅而沉穩的風味。

衣索比亞加工站的優質 G-1 咖啡豆風味絕佳，值得一試。

感官品評

　　下表是根據衣索比亞出口貿易商提供的耶加雪菲樣本，進行感官品評與科學分析的結果。

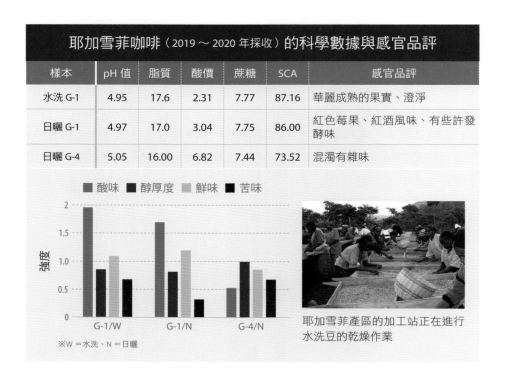

耶加雪菲咖啡（2019 ～ 2020 年採收）的科學數據與感官品評

樣本	pH 值	脂質	酸價	蔗糖	SCA	感官品評
水洗 G-1	4.95	17.6	2.31	7.77	87.16	華麗成熟的果實、澄淨
日曬 G-1	4.97	17.0	3.04	7.75	86.00	紅色莓果、紅酒風味、有些許發酵味
日曬 G-4	5.05	16.00	6.82	7.44	73.52	混濁有雜味

酸味　醇厚度　鮮味　苦味

強度

※W ＝水洗、N ＝日曬

耶加雪菲產區的加工站正在進行水洗豆的乾燥作業

　　這份樣本的數字結果並不能代表所有耶加雪菲產區咖啡，但 G-1 具有出色的風味。SCA 杯測法評分是 24 位試飲講座評審團的平均分數。與 G-4 相比，G-1 酸度更強（pH 值更低），有醇厚度和甜味（脂質含量、蔗糖含量更高），而且沒有混濁、鮮度更好（酸價＝脂質劣化更少）。以這個樣本來說，水洗豆的風味表現優異。感官品評分數和「脂質含量＋蔗糖含量」數據的相關性系數是 r=0.9705，正相關性極強。

　　衣索比亞的行政區重新劃分為廣域的地區（Region）、第二級約 70 個左右的區（Zone）、第三級的鄉／鎮（Woreda）和第四級的村／社（Kebele），因此大約從 2020 年起，咖啡的生產履歷變得更詳細，今後我們將能夠享受到吉馬、西達摩、古吉（Guji）區等地的 G-1 咖啡。

肯亞
Kenya

產量（2021 ～ 2022 年）
871 千袋（每袋 60 公斤）

DATA

產　區｜涅里（Nyeri）、基里尼亞加（Kirinyaga）、基安布（Kiambu）、穆蘭加（Murang'a）、恩布（Embu）等

咖啡農｜70%是小農，會將成熟的咖啡櫻桃送去咖啡合作社工廠處理

採　收｜9 ～ 12 月是主要採收期，5 ～ 8 月左右是次要採收期

品　種｜主要是波旁品種系列的 SL28、SL34

處理法、乾燥｜在加工廠進行水洗後，拿到非洲式高架棚架上曬乾

出口等級｜AA ＝ S17 ～ 18，AB ＝ S15 ～ 16，C ＝ S14 ～ 15，PB ＝圓豆

概要

　　我自 1990 年開始從事這份工作時，肯亞咖啡的酸度強烈，在日本並不受歡迎。當時人們比較喜歡酸味溫和、風味輕盈的牙買加咖啡（參見 Part3「4 從生產國認識咖啡：加勒比群島」）。後來到了 2000 年代初期，我受到肯亞好幾處咖啡莊園的果香風味震撼，於是開始使用鄰近首都奈洛比的基安布產區多家莊園的咖啡豆。此外也在 2010 年前後，開始進口咖啡合作社工廠

2000 年代初期的莊園豆	
莊園	感官品評
穆內內	我最早購買的肯亞咖啡豆，因其強烈的個性而震撼。
肯特梅爾	驚人的成熟果香、酸味與醇厚度。
格茲姆布伊尼	成熟李子果乾的果實感與香料味。
萬戈	華麗的柑橘果酸，外加成熟的果實風味。
這些是當時全球風味最華麗的咖啡。	

（factory，肯亞對水洗加工廠的稱呼）的優質咖啡豆，從此我便愛上了擁有華麗果香的肯亞咖啡。

肯亞咖啡的產區包括涅里、基里尼亞加、基安布、穆蘭加、恩布、梅魯（Meru）等。每個產區都有咖啡合作社，並由許多加工廠組成。

咖啡小農

大型咖啡莊園約占 30％，小農約占 70％（農地大多在 2 公頃以下）。主要種植的咖啡品種是波旁品種系列的 SL28 和 SL34。小農會將這些成熟的咖啡櫻桃送到咖啡合作社工廠處理。加工廠在去除果肉後，將帶殼豆放在非洲式高架棚架上曬乾。肯亞一年有兩次採收期，其中 9 至 12 月為主要採收期，占總產量的 70％；5 至 8 月為次要採收期，占總產量的 30％，但每年的採收量比例會有所變動。

咖啡莊園

在咖啡合作社工廠進行乾燥

小農家的後院也會種植咖啡

小農飼養的家畜

感官品評

在過去 20 年裡，我購買和品飲過許多肯亞咖啡。下表中列出的是各產地，水洗加工廠的咖啡豆，這段時間的肯亞咖啡風味具有與藝妓品種相媲美的華麗感，因此我將它們列入表中（在此省略工廠名稱，請見諒）。儘管當時美國精品咖啡協會還沒有國際共識的評分標準，但因為它出色的風味，所以我給了 90 分以上的高分。不過，必須留意的是即使是同一水洗加工廠生產的咖啡，也會因生產批次和生產年分不同，而使得風味有所差異。

肯亞產區的水洗加工廠咖啡豆（2015 ～ 2016 年採收）

產區	感官品評	SCAA
基安布	風味的酸味與醇厚度穩定，帶有柳橙般的甜酸，以及淡淡的熱帶水果味	91.00
基里尼亞加	優質的咖啡除了柳橙風味外，還帶有新鮮李子等紅色系果實味，華麗、澄淨、優雅，餘韻甜美，香氣也很明顯	92.50
涅里	帶有花香、檸檬風味和高雅的蜂蜜甜味	90.00
恩布	溫州蜜柑的甜酸味混合黑色系果實味，醞釀出複雜的風味	88.00

SCAA 分數是 45 位試飲講座評審團的平均分數。

在肯亞，乾帶殼豆在乾燥後會送到乾處理廠，進行比重篩選和篩網篩選，然後用麻袋包裝。為了保持品質，我是將生豆真空包裝，並使用恆溫貨櫃（冷藏貨櫃）進口到日本。

肯亞的 SL 品種具有可與藝妓品種（參見 Part3「6 從品種挑選咖啡豆：阿拉比卡種」）相媲美的果實風味，希望各位務必一試。

乾加工廠進行的是帶殼豆脫殼、篩選到包裝的流程

3

坦尚尼亞
Tanzania

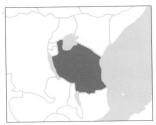

產量（2021～2022 年）
1,082 千袋（每袋 60 公斤）

DATA

產　　區｜ 北部與南部產的阿拉比卡種約 70%，其他是剛
　　　　果種

咖啡農｜ 全境估計約有 40 萬戶咖啡農，其中的 90% 是
　　　　農地 2 公頃以下的小農

品　　種｜ 波旁品種、阿魯沙品種（Arusha）、藍山品種（Blue
　　　　Mountain）、肯特品種（Kent）、N39

採　　收｜ 6～12 月

處理法
、乾燥｜ 水洗法、非洲式高架棚架

出口等級｜ 根據生豆大小與扣分分數，分為 AA、AB、PB
　　　　（圓豆）

概要

　　坦尚尼亞北部的主要咖啡產區位於吉力馬扎羅山麓，包括卡拉圖
（Karatu）、阿魯沙（Arusha）和莫希（Moshi）等地。這些地區擁有許多
大型咖啡莊園，並生產高品質的咖啡。莊園把帶殼豆送到莫希的乾處理廠
進行脫殼和篩選，接著就會把生豆送往坦尚尼亞的出口港三蘭港（Dar Es
Salaam）。

　　坦尚尼亞南部的姆貝亞（Mbeya）、穆賓加（Mbinga）和西部的基戈
馬（Kigoma）地區是小農占多數，這些地區過去缺乏適當的咖啡栽培技
術，但產量占坦尚尼亞總產量的 40% 左右。為了提高坦尚尼亞咖啡的品
質和生產力，增強在世界咖啡市場的競爭力，2000 年成立坦尚尼亞咖啡
研究所（Tanzania Coffee Research
Institute，簡稱 TaCRI），目的是
增加農民收入減少貧困，改善咖啡
農的生活。

　　2010 年之後，坦尚尼亞的咖

坦尚尼亞的咖啡莊園

啡農開始將咖啡果實送到合作社的加工廠 CPU
（Central Pulping Unit）進行加工，因而得以穩定
生產出高品質的咖啡。

等級

坦尚尼亞咖啡的等級主要是根據生豆的大小
劃分。其中，AA 是最高等級，生豆直徑必須在
6.75 公釐以上（S17）；A 是次一級，生豆直徑
必須在 6.25 ～ 6.75 公釐之間（S16）。在日本，

修剪咖啡樹

坦尚尼亞產的阿拉比卡種咖啡，商品名稱通常稱為「吉力馬扎羅」。不過
如果是精品咖啡等級，則會以咖啡莊園或出口貿易商的品牌等命名。

感官品評

下表是以坦尚尼亞各產區咖啡豆為樣本，並由 20 位試飲講座評審團
採用 SCA 杯測法進行感官品評的結果。與肯亞咖啡相比，坦尚尼亞咖啡的
特徵相對較弱，很少得分超過 85 分。

坦尚尼亞咖啡（2019 ～ 2020 年採收）				
產區、品名	品種	pH 值	感官品評	SCA
卡拉圖	波旁	4.85	有柳橙的甜酸味、滑順的口感	87.00
恩戈羅恩戈羅	波旁	4.90	個性不強，但口感滑順，容易接受	83.00
阿魯沙	波旁	4.95	風味均衡的溫和型	81.50
基戈馬	不明	5.00	風味厚重，鮮度劣化	75.50
姆賓加	不明	5.02	相較於北部產，略感混濁	79.25
AA	不明	5.02	混入很多瑕疵豆，可感覺到混濁和澀味	70.00

坦尚尼亞咖啡的基本風味

坦尚尼亞咖啡主要屬於波旁品種系列，但經過與肯特、阿魯沙等其他品種的雜交之後，
其樹形特徵已變得難以辨別。坦尚尼亞咖啡的基本風味類似葡萄柚，是帶有輕微苦味
的酸味，果實感不強，醇厚度也相對較弱，屬於溫和順口的咖啡類型。

4 盧安達
Rwanda

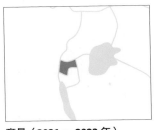

DATA
海　拔｜1,500 ～ 1,900 公尺
採　收｜2 ～ 6 月
品　種｜波旁品種
處理法｜水洗法、日曬法、非洲式高架棚架
乾　燥｜天日

產量（2021 ～ 2022 年）
301 千袋（每袋 60 公斤）

概要

基伏湖的咖啡水洗站

　　盧安達以其位於剛果邊境的瀕危物種山地大猩猩而聞名，並為遊客提供觀賞大猩猩的旅遊行程。盧安達咖啡由德國人引進於 1900 年代初期開始種植，在 1994 年盧安達境內發生種族滅絕[81]，直到 1995 年才開始復興工作，據說當時每戶農民都種植了 600 棵咖啡樹。然而當時的咖啡生產模式，是農民自行處理至羊皮層（咖啡豆殼）之後再賣給中盤商，導致咖啡品質低下。因此，盧安達政府開始推廣咖啡水洗站（Coffee Washing Station，CWS）來改善這個情況。

　　2004 年起，盧安達在美國國際開發署（United States Agency for International Development，USAID）的資助下，興建大量咖啡水洗站，數量從 2010 年 187 個、2015 年 299 個，到了 2017 年已有 349 個，有效提升了咖啡品質。目前盧安達約有 40 萬戶小農[82]種植咖啡維持生計。

　　盧安達咖啡的產地主要分布在西部的基伏湖（Lake Kivu）周邊，以及涼爽且高海拔的北部地區、南部地區等。

81　1994 年 4 月因胡圖族和圖西族民族對立引發的盧安達大屠殺。
82　出處：《盧安達共和國咖啡栽種與流通相關資料收集、確認調查報告書》，JICA。

自 2000 年代中期可以購買盧到安達產的生豆開始，我每年都有使用。但盧安達生豆有「馬鈴薯臭」的瑕疵味缺陷，只要混入一顆，就會散發出明顯的馬鈴薯臭（類似蒸過的馬鈴薯、牛蒡這類不討喜的氣味，據說是格紋椿象 [Antestia bug] 造成），因此使用時需要特別小心。馬鈴薯臭會在咖啡豆由烘豆機取出時立即散發出來，也就是說篩選過程格外辛苦，所以不適合用於配方豆，也導致使用量一直無法增加。不過，近年來馬鈴薯臭已經逐漸消除，我也開始積極使用盧安達生豆。盧安達咖啡的品質近年來顯著提升，酸味與醇厚度達到良好的平衡，非常值得一試。

感官品評

下圖是 2012 年成立的盧安達咖啡加工出口業者協會（Coffee Exporters and Processors Association of Rwanda，CEPAR）等組織的競標拍賣會評審的評分，以及電子舌檢測的結果。根據電子舌數值的圖表可推測，W1

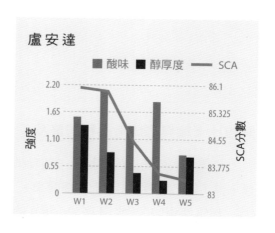

（W= 水洗豆）的酸味與醇厚度達到良好的平衡，W2 的酸味較強，因此兩者均獲得高評價。W3 和 W4 的酸味雖然較強，但醇厚度不足，W5 的酸味弱，因此這三者的評價較低。

感官品評分數和電子舌數據的相關性系數是 r=0.8563，正相關性強。

【 加勒比海群島 】

咖啡傳播歷史悠久的加勒比海群島

古巴

多明尼加

牙買加

1990 年當我剛踏入咖啡業界時，世界咖啡產區的分類為中美洲、南美洲、亞洲、非洲和加勒比海諸島。加勒比海的島嶼，如：牙買加、古巴、海地、多明尼加、波多黎各等，都是舉足輕重的鐵比卡品種系列產地，儘管當時很少有機會體驗到這些咖啡的風味，但該地區在咖啡傳播上已有悠久的歷史，也是重要的咖啡栽種產地。

阿拉比卡種與鐵比卡品種的普及

原產於衣索比亞的阿拉比卡種咖啡，是由位於對岸阿拉伯半島的葉門摩卡港（現已荒廢）出口而傳播開來。

1658 年東印度公司在錫蘭（現在的斯里蘭卡）嘗試種植咖啡，1699 年開始擴大種植規模，然到了 1869 年卻爆發葉鏽病，導致咖啡樹大量死亡，咖啡產業因此毀滅，錫蘭轉為改種紅茶。1699 年，東印度公司又將咖啡從印度的馬拉巴爾引進爪哇島，並種植成功。可是 1880 年之後又受到葉鏽病的嚴重打擊，因此引進了剛果種，這就是現在稱為 WIB（West Indische Bereiding，意思是「西印度標準」）的爪哇羅布斯塔咖啡。爪哇島的阿拉比卡種咖啡在 1706 年送往荷蘭阿姆斯特丹的植物園，而在此培育的幼苗又

阿拉比卡種的主要傳播路徑

阿姆斯特丹
巴黎
葉門　印度
馬丁尼克島　衣索比亞
坦尚尼亞　　　　爪哇
巴西　　　　留尼旺島

→ 鐵比卡品種系列
→ 波旁品種系列

於 1714 年送給法國國王路易十四，在巴黎植物園（Jardin des Plantes）裡栽培，而培育出來的幼苗在 1723 年運往位於加勒比海的法國領地馬丁尼克島（Martinique）。

在傳播咖啡的旅程中，還留下了法國海軍軍官狄克魯（Gabriel de Clieu）[83] 在長達一個月的航程中，將珍貴定量配給的飲用水給咖啡樹苗的故事，而這個浪漫的故事也由傳教士等人傳播到各個產地[84]。

從加勒比海島嶼傳播出去的咖啡，稱為鐵比卡品種，各生產國可能仍保有此品種的後代，但由於產量少、易感染葉鏽病等原因，各地後來改種其他品種。目前加勒比島嶼因為颱風災害等，咖啡產能顯著下降。2000 年後，除了牙買加的咖啡之外，日本已經很難看到其他加勒比產地的咖啡了。

牙買加的咖啡產量原本就很少，2019 ～ 2020 年採收的僅有 2 萬 3 千袋，但由於這裡的藍山咖啡名聞遐邇，因此在日本市場上流通量大。多明尼加的咖啡產量從 1990 ～ 1991 年採收的 88 萬袋，減半至 2019 ～ 2020 年採收的 40 萬 2 千袋；而古巴的咖啡產量則從 1990 ～ 1991 年採收的 41 萬 4 千袋，大幅減少至 2019 ～ 2020 年採收的 13 萬袋。

這些加勒比海島嶼生產的鐵比卡品種，豆質柔軟，有柔和的酸味，醇厚度偏弱但略帶甜味（可惜最近各島嶼的咖啡風味似乎出現了變化）。

83　出處：《關於咖啡的一切・800 年祕史與技法》（All about Coffee），William Harrison Ukers 著，繁體中文版由柿子文化出版。
　　《咖啡學》（珈琲学），友田五郎著，光琳株式會社於 1989 年出版。
84　咖啡於 1725 年傳入海地、1730 年傳入牙買加、1748 年傳入多明尼加及古巴。之後於 1755 年從馬丁尼克島傳入波多黎各，再從這些島嶼傳入瓜地馬拉、哥斯大黎加、委內瑞拉和哥倫比亞。

1 牙買加
Jamaica

DATA

海　　拔｜800 ～ 1,200 公尺
採　　收｜11 月～隔年 3 月
品　　種｜鐵比卡品種、波旁品種
處 理 法｜水洗法
乾　　燥｜天日、機械

產量（2021 ～ 2022 年）
23 千袋（每袋 60 公斤）

概要

　　目前，加勒比海島嶼中，只有牙買加仍然是鐵比卡品種的主要產地（其他島嶼的近況不清楚）。

　　牙買加咖啡在藝妓品種興起以前，是高價豆的代表，但其生豆的纖維質柔軟，因此久放容易變質。在生產藍山咖啡的海拔 1,000 公尺左右的藍山產區，小農習慣將咖啡櫻桃送到梅維斯班克（Mavis Bank Coffee Factory）、沃倫福德（Wallenford Coffee Company）等加工處理廠，因此牙買加咖啡過往是以加工處理廠的名稱流通，但現在也有以咖啡莊園名稱流通的咖啡。

　　現今，全球掀起一股追求果香咖啡豆的風潮，單憑穩定的風味與高級品形象，已無法維持藍山咖啡的高昂價格，過去大量進口藍山咖啡的日本，其進口量也呈現下降趨勢。此外，No.1 等級（以木桶裝運出貨）的進口量也逐漸減少，反而進口較多混入次級「特選豆（Select）」、以麻袋包裝的生豆。

　　過去以日本為主體的流通模式正在發生變化。日本的進口量從 2019 年的 4,130 袋（每袋 60 公斤），減少至 2021 年的 3,348 袋。

等級

藍山咖啡是指在藍山山脈栽種的咖啡豆,而藍山 No.1(Blue Mountain No.1)是指至少有 96% 以上是篩網尺寸 17/18 的咖啡豆。隨著生豆尺寸愈小,會依序歸類為 No.2、No.3、PB(圓豆)等。此外,

藍山咖啡的基本風味

過去,藍山咖啡由許多小農的咖啡豆混合而成,風味相對平均,具有穩定的酸味和絲滑的風味特性。後來到了 2010 年左右,來自高海拔咖啡莊園的咖啡豆開始流通,風味也轉變為酸味偏淡。藍山咖啡的醇厚度較弱,不適合深焙。

在藍山產區以外栽培的咖啡豆,稱為高山咖啡(High Mountain),價格也比較便宜。

感官品評

藍山咖啡豆原本具有絲滑口感和甜美餘韻,但其豆質較軟,容易失去鮮度(出現枯草味),而且現在也較難以見到有漂亮藍綠色的生豆。目前的咖啡市場偏好果香風味的咖啡豆,因此豆質軟且溫和順口的藍山咖啡不容易獲得高分。不過,值得慶幸的是,仍有許多咖啡業者重視傳統的附加價值。

藍山產區

摘採完全成熟的咖啡櫻桃,泡水去除浮在水面的雜質等,再去除果肉

在發酵槽裡去除果膠層,曬乾後進行篩選,分成 No.1、No.2、No.3、PB(圓豆)後裝桶

2 古巴
Cuba

DATA
品　種｜鐵比卡品種、卡杜拉品種
乾　燥｜天日
處理法｜水洗法
出口等級｜ELT（S18）、TL（S17）、AL（S16）

產量（2021～2022 年）
100 千袋（每袋 60 公斤）

概要

　　古巴咖啡的歷史始於 1748 年，當時從多明尼加引進咖啡種子，此後咖啡莊園遍布整個島嶼，成為該國的代表性農作物之一。我在 1997、1998 年間，曾經採購並使用過一款稱為「水晶山」的古巴高級咖啡豆（符合古巴出口規格的 S18～19 等級鐵比卡品種豆）。雖然價格比牙買加藍山咖啡便宜，但仍然比其他產地的咖啡豆貴，而且是裝在 15 公斤的酒桶裡。

　　這款咖啡豆的豆質柔軟，酸味柔和，醇厚度較弱。與牙買加咖啡豆一樣，生豆變質（鮮度劣化）較快，鮮度變差後，風味會有強烈的枯草味，可說是 2000 年以前溫和派風味的代表。

　　2000 年之後，除了鐵比卡品種之外，古巴也開始種植其他品種的咖啡，古巴咖啡的品質差異也愈來愈明顯。隨著時代的進步，我們已經可以採購到其他生產國的優質咖啡，古巴咖啡的存在感逐漸消退，我們最後也停止使用。

　　鐵比卡品種的單位面積產量低，且容易感染葉鏽病，如果不重視鐵比卡品種，或不採取措施來生產其他優質的水洗咖啡豆，古巴咖啡的國際競爭力必定會下滑。我真心希望還能像以前一樣看到顆粒大小均勻、顏色翠綠的生豆。

3 多明尼加
Dominica

DATA

產　區｜錫沃（Cibao）、巴拉奧納（Barahona）
品　種｜卡杜拉品種、鐵比卡品種、卡杜艾品種
處理法｜水洗法
乾　燥｜天日

產量（2021～2022 年）
402 千袋（每袋 60 公斤）

概要

　　過去 20 年間，產量一直維持在 35 萬到 40 萬袋左右。但因為該島經常受到颶風直接襲擊，且國內消費量大，出口量少，所以在日本的流通量也很少。

　　巴拉奧納產區曾以生產鐵比卡品種而聞名，但目前採收量極少，很難找到品質好的咖啡豆。現在的主要產區變成種植大量卡杜拉矮種咖啡樹的錫沃等地，與其他加勒比海島嶼一樣，多明尼加也有許多農地面積不滿 3 公頃的小農。

卡杜拉品種

　　在 2009 年後的幾年期間，我一直都有使用風味出色的卡杜拉品種咖啡豆，但後來由於進口等問題，不得不放棄採購。

　　多明尼加咖啡的酸味華麗澄淨，醇厚度適中，餘韻有溫和的甜味，類似優質的波旁品種咖啡豆。

4 夏威夷（夏威夷可娜）
Hawaii

產量（2021～2022年）
100 千袋（每袋60公斤）

DATA
品　　種｜鐵比卡品種、卡杜拉品種
處理法｜水洗法
乾　　燥｜天日、機械
出口等級｜頂級（Extra Fancy，EF）、精選（Fancy，F）、
　　　　　圓豆
◎由於夏威夷是鐵比卡品種系列的產地，因此歸類在加勒比群島。

概要

　　可娜產區位於夏威夷島西部，在咖啡帶中緯度較高，莊園海拔約600公尺，氣候接近中美洲海拔1,200公尺左右。可娜產區午後時常陰天，因此不需要遮蔭樹。平地雨量較少，山區雨量較多，適合種植咖啡，但濕度也相對較高，咖啡櫻桃容易發霉，所以夏威夷農業部對咖啡品質的控管是所有生產國中最嚴格，也因此夏威夷咖啡的品質也最穩定。

　　出口等級依序為頂級（EF）、精選（F）、No.1，而圓豆也受到重視，19號篩網尺寸的大粒豆也很常見，生豆的外觀是美麗的藍綠色。1990至2000年的頂級豆，多半是藍綠色的大粒豆，美得令人著迷。但是，可娜產區在2014年受到咖啡象鼻蟲侵襲，加上2018年又碰上火山爆發，隨後又是葉鏽病蔓延，導致產量銳減，截至2022年為止，日本的進口量已大幅減少，未來想要體驗夏威夷可娜的傳統鐵比卡風味，只怕會愈來愈困難。

夏威夷的咖啡莊園

感官品評

　　下表是我從夏威夷可娜的咖啡莊園直接空運採購咖啡豆時期的資料，

提供各位參考（這些咖啡豆是鐵比卡品種的樣本）。

夏威夷可娜（2003～2004 年採收）		
產區	等級	感官品評
頂級	EF	生豆呈現鮮豔的藍綠色、酸味飽滿
精選	F	明亮的酸味、滑順的醇厚度、鐵比卡品種的基本風味
圓豆	PB	有酸味、甜味，口感滑順

此外，我還空運了三種 2021～2022 年採收、品質優良的夏威夷可娜頂級咖啡豆，進行感官品評和電子舌測試，並加入巴拿馬藝妓品種咖啡豆來做比較。

夏威夷樹齡 100 年的咖啡老樹

巴拿馬產的藝妓品種酸度強烈也有醇厚度，SCA 杯測法得分是 87 分的高分，但夏威夷咖啡的分數如下：鐵比卡 1 為 80.5 分、鐵比卡 2 為 81.75 分、鐵比卡 3 為 81.50 分，皆低於全盛時期的得分。這 3 種咖啡都是帶甜味的溫和型，但酸味較弱，風味輪廓也較不鮮明。感官品評分數和電子舌數據的相關性系數是 r=0.9499，正相關性極強。

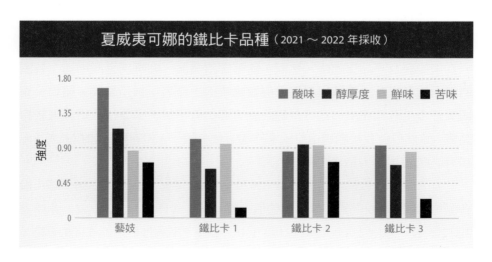

夏威夷可娜的鐵比卡品種（2021～2022 年採收）

圖例：■ 酸味　■ 醇厚度　■ 鮮味　■ 苦味

縱軸：強度（0、0.45、0.90、1.35、1.80）
橫軸：藝妓、鐵比卡 1、鐵比卡 2、鐵比卡 3

【亞洲各國】

亞洲各國的產量與消費量都有增加的趨勢

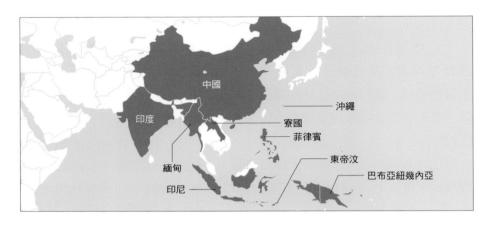

　　亞洲（含大洋洲）的咖啡生產量和消費量均呈現上升趨勢。越南是世界第二大的生產國，印尼是第四大生產國。除了這兩個生產國之外，亞洲地區還有許多生產咖啡的國家。

　　這些國家大多因葉鏽病蒙受嚴重損害，因而改種剛果種，此外也有許多案例是放棄阿拉比卡種，改種卡帝汶系列的品種，因此這些國家的咖啡一直未能評為高品質咖啡。然而，隨著經濟發展，咖啡店逐漸增加，各國的國內消費提升，逐漸出現追求優質咖啡的生產者。只是泰國、緬甸、寮國等許多生產國在出口港等基礎設施方面仍有不足，需要採取措施來維持品質。雖然目前我接觸到這些國家的咖啡機會較少，但這些產地在未來 5 ～ 10 年內的發展潛力指日可待。

　　亞洲地區大致的咖啡消費量（2020 ～ 2021 年），為日本 7,386 千袋（最多）、韓國 2,900 千袋（此為推估值，無資料）、印尼 5,000 千袋、菲律賓 3,312 千袋、越南 2,700 千袋、印度 1,485 千袋。中國推估已達 3,000 千袋，預計不久之後將會超越日本的消費量。不過，目前推測亞洲地區的精品咖啡使用量仍極為稀少。

印尼
Indonesia

產量（2021～2022 年）
11,554 千袋（每袋 60 公斤）

DATA

產　區	蘇門答臘島、蘇拉威西島、峇里島、爪哇島
品　種	阿拉比卡種、剛果種
咖啡農	大部分都是小農
採　收	主要在 10 月～隔年 6 月，但一整年陸續都有在採收
處理法 、乾燥	與其他生產國不同，會把生豆乾燥
出口等級	G-1 是每 300g 最多扣 11 分，G-2 是扣 12～25 分，G-3 是扣 26～44 分

概要

　　印尼是世界第四大咖啡生產國，但曾經受到葉鏽病的毀滅性打擊，因此許多產地改種剛果種（羅布斯塔種），目前的生產比例為阿拉比卡種 10%，剛果種 90%。阿拉比卡種主要栽種在蘇門答臘島、蘇拉威西島和峇里島。蘇門答臘島的產量占印尼總產量的 70% 左右。蘇門答臘島的阿拉比卡種名為曼特寧，據說是出口商以當地原住民曼達林族或地名（Mandailing Natal）命名。

　　蘇門答臘島的主要產區是位於北部的林東產區和亞齊產區（Aceh）。主要採收期為 10 至隔年 2 月左右，但其他時間也可以採收。隨著咖啡果小蠹的危害日益顯著，愈來愈難找到原生種系的優質咖啡豆。

蘇門答臘島的多峇湖（Lake Toba，又稱多巴湖）

林東產區的咖啡農

等級

等級是根據 300g 生豆中的瑕疵豆數量決定，G-1 級最多有 11 顆瑕疵豆，G-2 級有 12 ～ 25 顆瑕疵豆，G-3 級有 26 ～ 44 顆瑕疵豆，依此類推。分數高的生豆通常會冠上出口商或進口商的名稱，如：「○○曼特寧」等。

生豆的手選作業

風味

蘇門答臘咖啡的風味，主要歸功於其獨特的處理方式──蘇門答臘溼剝法。我直到 2000 年代中期前往林東產區進行實地調查時，才有機會在當地親眼看到這種處理法。小農會在採收咖啡果實當天進行脫穀，接著將濕帶殼豆（帶有果膠層且尚未完全乾燥的狀態）乾燥半天至一天，再賣給掮客。掮客通常會將去掉內果皮的生豆曬乾，然後賣給出口商。採用這種方式一方面可以加快變現速度，另一方面也是因為多雨產區希望盡快乾燥生豆，而這種方法也造就了蘇門答臘咖啡獨特的風味。

我採購來自特定小農的特殊規格（棚架乾燥、特殊手選等）曼特寧原生豆，至今已有 20 多年了。

> ### 曼特寧咖啡的基本風味
>
> 曼特寧品種多屬卡帝汶系列，酸味弱，味道偏重且帶有苦味。相反地，能夠在葉鏽病中倖存的原生種分支的蘇門答臘鐵比卡（Sumatra Typica），則有明顯的酸味和滑順的口感。優質曼特寧咖啡在剛到港時，有檸檬和熱帶水果的酸味、青草、草地、檜木和杉樹的香氣，到港經過半年以上後，還會出現有點香草、香料和皮革等的複雜香氣。

卡帝汶品種（阿藤品種）

感官品評

我們購買來自林東產區和亞齊產區的蘇門答臘曼特寧咖啡豆各 2 種，再加上 G-1 級和 G-4 級各 1 種，一共是 6 種咖啡豆，測量 pH 值和脂質總含量。在這個樣本中，林東產區的咖啡豆 pH 值較低（酸度較高），脂質含量較多，風味也更明顯。此外，林東產區和亞齊產區的咖啡豆，與 G-1 和 G-4 等級的咖啡豆相比，酸度較高，脂質含量較多，可列入精品咖啡等級。其中，又屬林東 1 的咖啡豆脂質含量豐富，具有曼特寧特有的滑順口感。

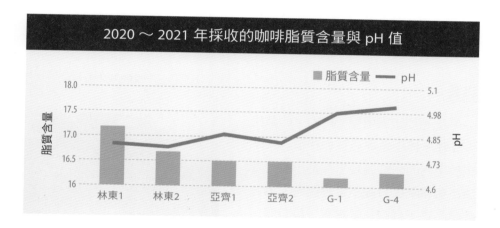

峇里島等其他離島

峇里島也種植阿拉比卡種咖啡豆，採用的處理方式是印尼罕見的水洗法。這裡的咖啡有柔和的酸味和低調的醇厚度，是一款風味穩定均衡的咖啡。

峇里島的阿拉比卡種

此外，蘇拉威西島、爪哇島和花島（Flores）也有種植咖啡，產量最多的剛果種是 AP1（After Polish One）日曬豆和 WIB 水洗豆等最有名。

請先記住蘇門答臘原生種曼特寧咖啡的味道，那是不同於世界上其他地方咖啡所的獨特風味。

2 巴布亞紐幾內亞
Papua New Guinea

DATA
海　拔｜1,200 ～ 1,600 公尺
採　收｜5 ～ 9 月
品　種｜鐵比卡品種、阿魯沙品種、卡帝汶品種
處理法｜水洗法
乾　燥｜天日

產量（2021 ～ 2022 年）
708 千袋（每袋 60 公斤）

概要

　　巴布亞紐幾內亞（PNG）的鐵比
卡品種，據說是從牙買加移植過來。
由於境內的咖啡農幾乎都是小農，管
理不善和基礎設施不足等問題，導致
咖啡品質不穩定，曾經有一段時間，
是規模較大的咖啡莊園生產的咖啡豆
品質較好。1990 年代，芒特哈根產
區（Mount Hagen，或稱哈根山）的
莊園豆是優質的藍綠色，但隨著 2010
年過後，需求量大增，咖啡莊園開始
向附近小農購買咖啡櫻桃，品質開始
出現落差。

　　我在 2010 年之後也開始進口戈
羅卡產區（Goroka）的咖啡，品質卻
會因為採收年分不同而有差異。不
過，巴布亞紐幾內亞仍是保留最多鐵
比卡品種的珍貴產地。

電子舌

小農的乾燥過程

感官品評

巴布亞紐幾內亞是我在 2002 年首次造訪的生產國，對我個人來說意義非凡。當時的西格里莊園（Sigri Estate）咖啡豆美得令人嘆為觀止，帶有淡淡青草香，是典型的鐵比卡品種。以下是當時的咖啡豆評鑑結果。

巴布亞紐幾內亞（2003 ～ 2004 年採收）		
樣本	評價	SCAA
芒特哈根	漂亮的綠色生豆，澄淨又帶有青草香，酸味清爽，品質是鐵比卡品種的典範	84.75
戈羅卡	生豆外觀漂亮，風味清爽，典型的鐵比卡風味	83.50
小農	青草香、略帶發酵味，比起莊園豆，瑕疵豆較多	78.00

巴布亞紐幾內亞（2021 ～ 2022 年採收）					
樣本	含水量	pH 值	Brix	SCA	試飲
A 莊園	10.4	4.92	1.5	81.0	清爽的酸味、味道略重、乳酸、青草
B 莊園	11.5	4.95	1.7	81.5	明亮的酸味，略帶澀味
C 莊園	12.3	4.94	1.6	81.5	柳橙、乳脂感、優格、性質稍有不同

上表是我以 2022 年市場上流通的 3 種新鮮生豆為樣本，進行試飲的結果。

PNG 咖啡的基本風味

基本風味是酸味與醇厚度達到良好平衡，並帶有淡淡的青草香（視為好風味），是典型鐵比卡品種的風味特色。這種風味與牙買加產、哥倫比亞北部馬格達萊納省（Magdalena）產的鐵比卡品種相似。

生豆的手選作業

3 東帝汶
Timor-Leste

DATA
海　拔｜800 ～ 1,600 公尺
採　收｜5 ～ 10 月
品　種｜鐵比卡品種、波旁品種、剛果種
處理法｜水洗法
乾　燥｜天日

產量（2021 ～ 2022 年）
100 千袋（每袋 60 公斤）

概要

　　東帝汶自 2002 年獨立以後，開始與日本非政府組織「日本和平之風」（Peace Winds Japan，PWJ）合作進行產地開發，協助咖啡生產。在 2003 年的田野調查時發現，鐵比卡品種和波旁品種種植在海拔 1,200 ～ 1,600 公尺以上的山脊沿線產地，海拔較低的地區則種植剛果種。由於許多地區都種植了遮蔭樹，因此只要小農用心施肥栽種，就有可能生產出優質的咖啡。

　　東帝汶與「日本和平之風」致力於打造優質咖啡已經超過 10 年。目前在日本的非政府組織之中，還有亞太資源中心（Pacific Asia Resource Center，PARC）也參與東帝汶的咖啡援助活動。

樂特夫浩郡（Letefoho）[85]

咖啡樹開花

[85] 翻譯參考：譯名來自星巴克® 單一產區東帝汶樂特夫浩咖啡豆 STARBUCKS® SINGLE-ORIGIN EAST TIMOR LETEFOHO。

　　莫貝西（Maubesse）、艾米拉[86]（Ermera）等產區聚落大部分位於山脊沿線，咖啡櫻桃採集困難，再加上缺乏水洗加工站，需要各生產者自行去除咖啡櫻桃的果肉（租借木製脫殼機給生產者）、去除帶殼豆黏液、進行天日乾燥，因此，當地致力於穩定各生產者的咖啡品質。

　　與中美洲等生產國相比，東帝汶存在施肥不足、地區土壤差異等問題，部分咖啡農的咖啡豆品質每年都有所差異。此外，從產地到出口港的倉儲與運輸、乾燥處理廠的處理程度等方面，也有許多問題尚待解決，需要透過輔導等方式，花費數年來逐一解決。

　　同樣問題也發生在其他亞洲生產國，如：寮國、緬甸、泰國、菲律賓和印度等。東帝汶在獨立後，有部分咖啡品質顯著提升，因此我認為咖啡產業對國家的成長有很大貢獻。

輔導內容：移植到農地裡（左）、回剪[87]（中）、剪定（右）

輔導內容：杯測（左）、各村落的品質介紹（中）與咖啡農表揚（右）

> **東帝汶咖啡的基本風味**
>
> 東帝汶的優質咖啡整體風味穩定，輕盈的柑橘果酸中帶有甜味，醇厚度略輕。偶爾有些咖啡豆會出現淡淡青草香，風味與牙買加、巴布亞紐幾內亞等的咖啡屬於同一系列。

86　翻譯參考：譯名來自衛福部疾管署 https://www.cdc.gov.tw/TravelEpidemic/Detail/qmgZc7UbLsoYwl_LKVusCg?epidemicId=fRptBe7cJy6wnYPO_SgUFg。
87　回剪是在樹木產量下降時，從地面 30 ～ 40 公分處切斷樹幹，促進新樹幹生長的方法，可以比重新種植更快採收。

感官品評

實驗苗圃

　　我以東帝汶各村落的鐵比卡品種為樣本，進行感官品評與電子舌測試。這些咖啡豆是按照村莊進行批次管理，只有鐵比卡 1 不符合精品咖啡規格，與其他樣本有風味差異。鐵比卡 2 ～ 4 的風味模式幾乎一樣。感官品評分數和電子舌數據的相關性系數是 r=0.7063，正相關性強。

　　東帝汶從 2003 年起，在咖啡種植和加工處理方面不斷嘗試和學習，對我來說是充滿回憶的產地。雖然沒有特別出色的產品，但也有一些咖啡豆達到精品咖啡的標準，各位能夠藉此品嘗到鐵比卡品種的風味。

鐵比卡品種（左）
波旁品種（右）

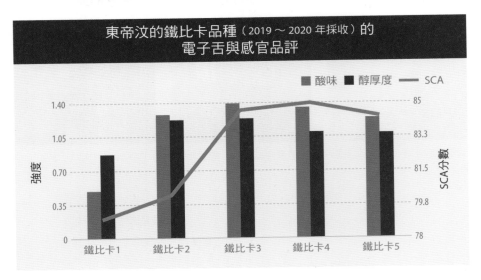

東帝汶的鐵比卡品種（2019 ～ 2020 年採收）的
電子舌與感官品評

■ 酸味　■ 醇厚度　— SCA

4 **中國**
China

概要

中國是咖啡生產國,也是出口國和進口國。咖啡產地以雲南省為主,占95%以上,以卡帝汶品種為主,少量為鐵比卡品種。近幾年光是雲南省的咖啡產量就達到200萬袋左右,預計未來中國國內市場的需求將會擴大,有可能發展成為世界主要的消費國。

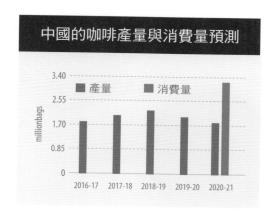

這張圖表顯示中國在過去5年內的生產量,以及2020～2021年採收豆的預估消費量。若照此趨勢發展,預計未來10年內將超越日本的消費量。

雲南的鐵比卡品種(2019～2020年採收)				
處理法	含水量	pH值	感官品評	SCA
水洗法	11.0	5.2	柔和隱約的酸味、醇厚度偏弱	80
日曬法	9.6	5.2	妥善的乾燥、滑順的醇厚度、香氣迷人	81
半日曬法	9.9	5.2	滑順的醇厚度且帶有甜味	82

上表是我從中國當地咖啡莊園購得雲南鐵比卡品種,再以SCA杯測法進行感官品評得到的結果。這家咖啡莊園挑戰過各種處理法,其咖啡液相對澄淨且順口,不像中國其他常見的卡帝汶品種那樣混濁。

5 其他生產國
Other Countries

緬甸

寮國

印度

照片上是阿拉比卡種的卡帝汶品種（參
見 PART 3「7 從品種挑選咖啡豆：剛果
種與雜交種」），是一種抗病性強的高
產量品種，近年來也出現使用日曬處理
法並用心乾燥的咖啡豆。

印度

　　咖啡於 17 世紀後期傳入印度，是歷史悠久的咖啡生產國，但由於葉
鏽病的蔓延，許多咖啡農改種剛果種，目前印度的阿拉比卡種僅占 30％，
剛果種則占 70％。

　　印度咖啡的主要產地為南部的卡納塔卡邦（Karnataka），占咖啡總產
量的 70％左右。印度的咖啡產量排名在巴西、越南、印尼、哥倫比亞、衣
索比亞、宏都拉斯和烏干達之後，出口量占總產量的 70％左右（2019 ～
2020 年採收）。日本從印度進口的大量剛果種咖啡豆用於商業用途，因此
市面上很少有機會看到。

　　另一方面，隨著經濟成長，都市裡開始出現咖啡連鎖店，咖啡在印度
國內的市場也正在擴大，咖啡的消費量預估將會像中國一樣增加。

緬甸

近來，咖啡的消費意願似乎正在增加，我們經常收到旅客等贈送的咖啡豆伴手禮。根據聯合國糧食及農業組織（Food and Agriculture Organization，FAO）的統計資料顯示，緬甸咖啡的產量約為 14 萬 1 千袋（每袋 60 公斤），阿拉比卡種和羅布斯塔種兩種都有栽種。由於產量不大，因此在日本的流通量也少。

菲律賓

葉鏽病在 1889 年左右蔓延至菲律賓，主要產地八打雁省（Batangas）的咖啡農園被迫轉作，導致產量大幅下降。此後，菲律賓在咖啡生產國間的知名度逐漸下降。1990～1991 年的產量為 97 萬 4 千袋，但 2000～2001 年下降至 34 萬 1 千袋，此後一直維持在 35 萬袋左右。

而消費量則是從 2017～2018 年的 318 萬袋，微幅增至 2020～2021 年的 331 萬 2 千袋，消費量在亞洲地區僅次於日本和印尼。在葉鏽病造成毀滅性破壞之前，菲律賓曾經是亞洲的主要生產國之一，因此被認為具有生產潛力。

寮國

法國人在 1915 年左右，將咖啡苗帶到寮國南部的波羅芬高原（Bolaven Plateau，海拔 1,000～1,300 公尺）開始種植，後來遭受到葉鏽病毀滅性的打擊，於是改種剛果種，但隨後又因越戰的戰火導致農地荒廢，直到 1990 年代後期，國際咖啡組織（ICO）才終於開始有了生產數據。目前寮國的咖啡產量已超過泰國，日本進口量為 6 萬 2 千袋，比薩爾瓦多、哥斯大黎加等還多。雖然沒有確切的資料，但根據推測，剛果種占多數，阿拉比卡種約占 25～30%，而且主要是卡帝汶品種。除了極少數採用日曬處理法外，大部分都是水洗處理法。日本市面上很少有機會看到寮國咖啡豆，推測是因為多為飲料廠商或大型烘豆業者在使用。

除了上述國家之外之外，泰國和尼泊爾也有種植咖啡。

6 日本沖繩的咖啡栽種

概要

　　2015 年，我們開始進行田野調查並持續觀察後續的發展。雖然沖繩本島有些人是以商業為目而種植，不過當時的小農（約 20 戶）主要是為了樂趣而種。據說沖繩開始種植咖啡，最早是因為曾有移民到巴西和夏威夷的人從事咖啡種植工作，回到日本後就在沖繩開始種植，因此沖繩約有 100 年的咖啡種植史。

　　那次調查正好因颱風侵襲，導致收成量大幅減少，推測沖繩本島全年總產量合計約為 20 袋（每袋 60 公斤），不過，並無確切的統計資料。

　　在此以後，沖繩掀起了種植咖啡的新運動。自 2019 年 4 月起，名護市推出「沖繩咖啡計畫」，並由非營利機構幫助拒絕上學和繭居孩子，在各咖啡莊園施行咖啡苗種植管理與咖啡果實採收的工作。

沖繩北部的咖啡農（左）與南部的咖啡農（中）、溫室栽培（右）

紅土（左）、新世界品種（中）、防風林（右）

面臨的挑戰

　　有些人從日本本島搬到沖繩開始務農種咖啡，但那裡的種植條件十分嚴苛，經常遭受颱風侵襲、北風吹拂、夏熱冬冷的氣候影響，因此收成量並不理想。再加上採收期在1月左右，正值沖繩的雨季，乾燥作業也相當困難。由於缺乏咖啡櫻桃、帶殼豆的脫殼專用器具，很多時候必須仰賴人力，再加上曬果場空間取得不易，因此，實際上想要靠生產咖啡維持生計是相當困難。

　　我的看法是，若要持續種植，就必須選擇有防風林、不會受到海風吹拂的適宜栽種地，也可以考慮採溫室栽培。此外，我認為也需要將咖啡田當作觀光農場經營。

　　沖繩自古以來就有種植的是新世界品種（成熟後果實會變紅色和黃色），風味方面酸味較弱，類似巴西咖啡。

沖繩新世界品種的紅色果實（左）和黃色果實（右）

新世界品種的生豆　　　　　　　　　　　　新世界品種的生豆

咖啡的品種

咖啡樹是一種自生或人工栽培於熱帶地區的茜草科常綠木本植物，植物學上的分類是茜草科（Rubiaceae）咖啡屬（Coffea）咖啡阿拉比卡種（Arabica）。這個咖啡阿拉比卡種（Coffea Arabica），指的就是一般所謂的阿拉比卡種，其他經常栽種的樹種，則包括剛果種（Coffea Canephora）和賴比瑞亞種（Cofea Liberica）。

阿拉比卡種

此外，阿拉比卡種可再細分為亞種（Subspecies）、變種（Variety）、栽培品種（Cultivar）等。種底下的亞種，生長環境通常與其他同種夥伴之間具有地理上的阻隔，因此不會與其他地區的同種亞種雜交，也常具有地理上獨特的形態特徵。變種是指在種群中自然發生的形態、顏色等，與其他種有不同的外觀變異，可以與其他種自由雜交，而且其特徵具有遺傳性。除此之外，還有相當於變種的栽培品種，這是經過人工篩選和改造的品種。

然而，這些物種的分類非常棘手，很難嚴格區分亞種、變種和栽培品種，因此本書將咖啡分為阿拉比卡種、剛果種和賴比瑞亞種這 3 大類，其下分支的亞種、變種和栽培品種，皆統稱為「品種」，文中會使用「阿拉比卡種」、「鐵比卡品種」、「波旁品種」等名稱表示（隨著基因解析技術的發展，這些品種有朝一日將從系統化的角度建立全新的體系）。

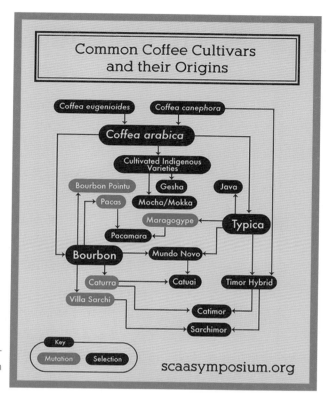

Coffee Plants of the World—Specialty Coffee Association (sca.coffee)

　　現在為了商業用途種植的咖啡品種，大致可分為從葉門傳播至世界各地的「鐵比卡品種」與「波旁品種」這兩大系列，今日看到的各式各樣品種咖啡，都是由這兩大系列反覆雜交形成。

　　上圖是精品咖啡協會製作的品種家系表，呈現常見咖啡品種之間的關係。連接植物群組的線條和箭頭表示親子關係，淺綠色是因自發性遺傳變化（突變）而產生的品種。例如看圖可知道，阿拉比卡種是剛果種和尤金尼奧種（Coffea Eugenioides）的後代；尤金尼奧種原自生於東非高地上，範圍涵蓋剛果民主共和國、盧安達、烏干達、肯亞和坦尚尼亞西部等，是阿拉比卡種的親本，據說其咖啡因含量阿拉比卡種更低。

② 阿拉比卡種與剛果種

　　阿拉比卡種咖啡樹高 5 ～ 6 公尺，葉片呈深綠色，長度為 10 ～ 15 公分，適合在海拔 800 ～ 2,000 公尺的高地種植。一般而言，阿拉比卡種咖啡樹的種子萌芽需時 6 週，長到開花、採收需要 3 年，但要提供足夠的收成則需要 3 ～ 5 年。咖啡樹的壽命因品種而異，阿拉比卡種大約為 20 年左右（本書的介紹是以阿拉比卡種為主）。

　　剛果種底下可細分為羅布斯塔品種（Robusta）和科尼倫品種。目前在生產、交易、流通和消費各方面，都是以羅布斯塔品種的名稱取代剛果種，在世界各地普遍使用。本書有部分內容可能用到「羅布斯塔」，但還是盡可能使用「剛果種」來表示。

　　剛果種咖啡樹的特徵是比阿拉比卡種高，葉片又厚又大且生長速度快，第 1 年即可結出咖啡櫻桃，3 ～ 4 年即可達到商業需求的採收量。剛果種咖啡樹可耐葉鏽病，也耐粗放式管理且產量高，可惜風味比不上阿拉比卡種咖啡。剛果種咖啡樹可種植在海拔 800 公尺以下的地區，價格較低，用於製作罐裝咖啡等工業用產品和即溶咖啡等，替阿拉比卡種咖啡增量。

　　賴比瑞亞種的原產地是非洲西部的賴比瑞亞，特性是強健，樹高可達 10 公尺，葉、花、果實皆大，適合低地栽培，耐病性佳且生命力旺盛，可當作阿拉比卡種嫁接苗的砧木。

阿拉比卡種鐵比卡品種

項目	阿拉比卡種 （*Coffea Arabica*）	剛果種 （*Coffea Canephora*）
氣候條件	雨季和乾季帶來的適度溼潤與乾燥	高溫多溼環境也能生長
親和性[88]	自花授粉	異花授粉
生產比例	60%左右	40%左右
生產國	巴西、哥倫比亞、中美洲各國、衣索比亞、肯亞等	越南、印尼、巴西、烏干達等
pH 值	5.0左右，更強的約4.7（中度烘焙）	5.4左右，酸度弱（中度烘焙）
咖啡因	1.0%	2.0%
風味	優質豆有華麗的酸味和醇厚度	不酸，偏苦且有泥土味
價格	從便宜到昂貴，價格多變	多數較阿拉比卡種便宜

阿拉比卡種與剛果種的不同

阿拉比卡種鐵比卡品種

剛果種

88　親和性：同一植株的花粉自花授粉就能夠產生種子的性質，稱為「自交親和性」，單靠一株樹苗就能夠繁衍後代。反觀剛果種則是異花授粉，所以基本上無法與阿拉比卡種雜交。

阿拉比卡種的分支品種

在阿拉比卡種之中，很多品種都是為了商業用途而栽培和流通。本書將這些品種按以下方式，分為傳統原生種、原生種、選拔改良種、突變種、自然雜交種、雜交種。

雜交種（hybrid）是不同種的品種交配（異花授粉）產生的植物，阿拉比卡種屬於異花授粉，因此是自然產生、無人工干涉的品種，稱為自然雜交種。

阿拉比卡種的分類			
家系	品種	內容	主要生產國
傳統原生種	衣索比亞系列	自古就種植的野生種等的品種	衣索比亞
原生種	葉門系列	烏黛妮（Udaini）、圖法希（Tufahi）、達瓦力（Dawairi）等傳統品種	葉門
	鐵比卡	從葉門經爪哇、加勒比群島傳播出去	牙買加
	波旁	從葉門經留尼旺島傳播出去	坦尚尼亞
	藝妓	原生於衣索比亞的品種，栽種在巴拿馬	巴拿馬
選拔改良種	SL	肯亞研究所從波旁品種選出的品種	肯亞
突變種	摩卡	波旁的突變種，顆粒小	茂宜島（夏威夷）
	馬拉戈吉佩	在巴西發現的鐵比卡突變種	尼加拉瓜
自然雜交種	新世界	鐵比卡品種與波旁品種的雜交種	巴西
雜交種	帕卡馬拉	帕卡斯品種（Pacas）與馬拉戈吉佩品種的雜交種	薩爾瓦多
	卡杜艾	新世界品種與卡杜拉品種的雜交種	巴西

※ 一般來說，交配是透過兩個個體之間的受精來產生下一代，而基因型不同的個體之間的交配，在本書中稱為雜交。咖啡尚未採用基因工程技術來改變遺傳物質。

④ 衣索比亞「古優原生種」

在衣索比亞估計有超過3,500種以上的原生物種，但因為沒有進行基因鑑定，所以很難鎖定哪些原生物種是商業用途的人工栽培種。在當地，可以看到許多形狀不同的咖啡樹。如：種子整體來說都很小（小果種），除了哈拉爾產區的長豆（種子呈長形）。

衣索比亞咖啡主要種植在花園咖啡（Garden Coffee）的小規模莊園（農地平均0.5公頃），各農戶的年產量推測為300公斤左右。雖然也有國營栽植場（Plantation），但產量不多。除此之外，還有「森林咖啡」（Forest Coffee）和「半森林咖啡」（Semi-Forest Coffee），收成方式是採摘野生的咖啡櫻桃，但在森林中很難找到可當曬果場的空地。

衣索比亞的咖啡品種多為適應當地栽種環境且種植多年的品種，通常稱為「在地土著種（Local Landrace）」或「古優原生種（Heirloom，又稱傳家寶，意即從古代傳承下來的優良品種）」。位於吉馬的吉馬農業研究中心（Jimma Agricultural Research Center，JARC）正致力於森林咖啡的研究，希望開發出提升耐病性和產量的品種。

衣索比亞最高峰的咖啡寶庫蓋德奧（Gedeo，也就是耶加雪菲）、西達摩、古吉產區，擁有瓦利秀（Wolisho）、可如蜜（Kudume）、德加（Dega）三個在地土著種，以及由吉馬農業研究中心發表的74110等可耐炭疽病的選拔種。然而，由於流通的咖啡普遍會混合品種，因此無法辨識在地土著種的細微品種特性。

衣索比亞栽種的咖啡樹
外型十分多樣

衣索比亞各地的原生種咖啡豆，通常具有在國內特定產區種植的悠久歷史，各有不同的產量和風味特性。

　　由於衣索比亞在區域（Region）之下，再細分約70個區（Zone，屬於二級行政區），區之下則是村／鎮（Woreda，屬於三級行政區），所以近年來提到衣索比亞的精品咖啡，就會出現更精確的產區標示，例如：奧羅米亞（Oromia）區域古吉區罕貝拉（Hambela）鎮。

在地土著種

　　精品咖啡水洗 G-1（瑕疵豆混入少）的風味令人聯想到藍莓和檸檬茶，而日曬 G-1 則具有甜橙和桃子的果香，沒有發酵味的咖啡豆甚至還能感受到勃艮第葡萄酒般的美麗風味。

小農的屋舍

　　即使品種混雜，也能體驗到各產區獨特的風味。近年來衣索比亞咖啡的風味掀起戲劇性的變化，請各位務必一試。

小農正在採收咖啡櫻桃

葉門原生種

⑤ 葉門的品種

　　衣索比亞有喝咖啡的文化，但葉門沒有。葉門人習慣咀嚼具有興奮作用的卡特葉（Khat），除此之外，葉門人還喜歡喝一種叫「奇希爾（Qishr）」[89]的飲品，是用保存完善的咖啡櫻桃乾果外殼，加上豆蔻、薑等食材一起煮成（而 [Buna] 則是加入完整的咖啡櫻桃果乾一起煮）。由於葉門氣候乾燥，咖啡櫻桃乾果可以長期保存，因此出口的生豆無法明確得知採收的時間。多數情況下，咖啡的發酵味強烈，所以無法說是優質咖啡，然儘管如此，葉門咖啡在日本仍深受歡迎，泛稱為「摩卡馬塔里（Mocha Mattari）」。

　　自 2010 年左右起，極少量、可追溯產地的高品質新鮮咖啡豆開始流通。主要產地包括哈拉齊（Harazi）、巴尼馬塔里（Bani Matari）等，咖啡樹種植在山地峽谷的旱谷（海拔約 1,500 公尺的河床平地）或峽谷斜坡的梯田（海拔約 1,500 ～ 2,200 公尺）。可惜目前因政局不穩，日本進口的葉門咖啡十分少量。

　　葉門咖啡是摩卡港（現已廢港）運往印度、爪哇島種植與出口的鐵比卡品種，以及運往留尼旺島種植與出口的波旁品種的起源。優質的葉門咖啡有紅酒香和果香，以及巧克力般的醇厚度，風味極具個性，但是很難鎖定流通中的咖啡品種。

完全成熟的咖啡櫻桃

葉門原生種

89　以水洗處理去除的果肉乾燥後，在中南美洲稱為「卡斯卡拉（cáscara）」。

不過，根據美國國際開發署 2005 年發表的調查報告顯示，葉門大多數的品種是烏黛妮、達瓦力、圖法希和布拉艾（Bura'i）這 4 種，再加上後來更多研究機構的資料，得知還有阿布蘇拉（Abu Sura）和阿爾哈基米（Al-Hakimi）這 2 種，葉門咖啡共有 6 個主要的品種。此外，在美國國際開發署的調查之後，還有機構使用基因分析進行了品種分類等研究，推測葉門咖啡能生長在乾燥的沙漠環境中，具有耐受溫差和乾旱的能力。因此，研究這些未知的葉門咖啡品種，找出其耐惡劣環境的遺傳特性，對於未來咖啡的持續生產非常有幫助。

烏黛妮品種

達瓦力品種

咖啡櫻桃的篩選（手選）

生豆的篩選（手選）

感官品評

　　這張圖表是根據 2022 年 8 月首次舉辦的美國國家葉門咖啡競標拍賣會（National Yemen Coffee Auction，NYCA）上的生豆中，挑選出 6 種（日曬法），使用電子舌進行分析的結果。

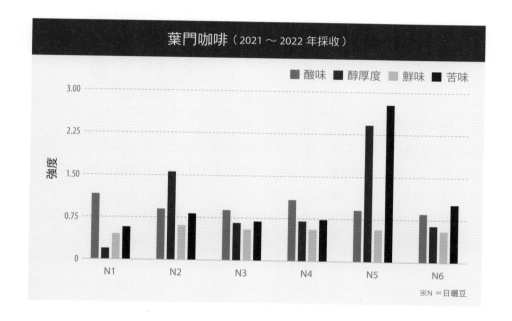

　　拍賣評審整體的給分都很高，介於 87.4 到 88.75 之間，沒有太大落差，但電子舌數值卻很分散。我推測可能是因為使用了不同的在地土著種，以及日曬處理法過程的差異。評審分數和電子舌數據的相關性系數是 r = 0.2945，無正相關性；樣本的生豆非常新鮮，是漂亮的日曬豆，但因為所有樣本的風味都很相似，感覺不到樣本之間的顯著風味差異。然而能夠在這個時代喝到如此澄淨的葉門咖啡，我覺得感慨萬千。

　　雖然流通量極少，但仍有些優質咖啡豆能夠感受到紅酒和巧克力的風味，與傳統葉門咖啡截然不同，試喝之前請務必檢查生產履歷。

6 藝妓品種

　　誕生於衣索比亞西南部的瑰夏山
（Geisha Mountain）的藝妓品種，經由
哥斯大黎加的熱帶農業研究高等教育中
心（The Tropical Agri cultural Research
and Higher Education Center，CATIE）
保存，而後移植到巴拿馬的咖啡莊園種

藝妓品種

植，2004 年在巴拿馬最佳咖啡（Best of
Panam）大賽中，博克特產區翡翠莊園種植的藝妓品種獲得第一名，其果
香風味一炮而紅（當時我為了競標，從凌晨 3 點一路出價到結束，可惜藝
妓品種價格飆得太高，我最終未能得標）。

　　藝妓品種主要產於巴拿馬，但也由於價格昂貴，其他的中南美洲國家
也紛紛開始種植。

　　藝妓品種經過氣相層析質譜儀（GC-MS）[90] 分析後發現，乙酸丙酯
（Ethyl Propionate）和異戊酸乙酯（Ethyl Isovalerate）等鳳梨、香蕉、甜
蘋果的香氣成分，明顯多過其他品種，香氣成分的種類也比其他品種多，
這些成分被認為就是造就其複雜果香風味的原因。

巴拿馬的藝妓品種

巴拿馬藝妓品種咖啡樹的葉子

90　氣相層層析質譜儀是分離氣體成分的質量資訊，再對成分進行定性與定量分析的儀器，現已成為主流的香氣研究工具。

感官品評

　　我用電子舌檢測 2021 年巴拿馬最佳咖啡大賽中，來自 9 個莊園的藝妓咖啡，所有拍賣評審的評分皆採用 SCA 杯測法，而且給分都在 90 分以上（92.00 ～ 93.50 分）。我試飲所有咖啡，也都嚐到花香和華麗的果香，然而電子舌數值卻出現歧義，相關性系數是 $r=0.5722$，與拍賣評審的評分之間的正相關性偏弱。

　　這 9 種藝妓咖啡中的高雅酸味，應該和檸檬酸以外的有機酸有關，不過目前的分析還無法證明這一點。

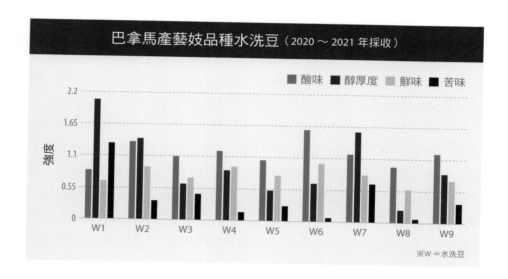

巴拿馬產藝妓品種水洗豆（2020 ～ 2021 年採收）

酸味　醇厚度　鮮味　苦味

※W ＝水洗豆

　　在中美洲巴拿馬之外，還存在著另外一種與巴拿馬藝妓不同系列的藝妓品種，該品種由熱帶研究所高等教育中心引進至馬拉威，種子略呈圓形，稱為「Geisha 1956」，以便與巴拿馬藝妓品種做區隔。由於此品種較為罕見，我曾經短暫使用過，但它的風味更接近波旁品種，缺乏巴拿馬藝妓品種特有的華麗香氣。

藝妓品種的基本風味

優質的藝妓咖啡風味是以柑橘類水果的甜酸味為基底，再加上桃子和鳳梨等各種水果的風味，水洗豆的口感格外細膩優雅。

⑦ 鐵比卡品種

鐵比卡品種起源於葉門，先後移植到斯里蘭卡、印度，最後傳入印尼爪哇島。1706 年再由爪哇島直接運往荷蘭阿姆斯特丹的植物園，並從巴黎植物園傳播到馬提尼克島。到了 1800 年代後期，殖民地開拓者又將鐵比卡引入了加勒比群島和拉丁美洲各國。

鐵比卡品種

因此，鐵比卡品種是許多其他品種的遺傳基礎，也由於鐵比卡是許多品種的起源，所以可以將其視為風味的標準，來與其他品種進行比較。由此可知鐵比卡是非常重要的品種，所以我建議各位先記住它的風味。

但是，鐵比卡品種的主要產地除了牙買加以外，其他如加勒比群島的產量已大幅下降，哥倫比亞也自 1970 年代起改種卡杜拉品種，再加上夏威夷可娜產區自 2012 年起受到咖啡果小蠹侵襲及 2020 年葉鏽病蔓延，導致產量銳減。雖然中南美洲等仍有零星生產，但目前的主要生產國只剩下東帝汶、巴布亞紐幾內亞和牙買加等。由於鐵比卡的豆質纖維柔軟，多數產地的生豆在到港後約半年左右仍然能夠維持鮮度，但是半年過後風味就會逐漸轉弱，並產生爛枯草的味道。

鐵比卡品種的基本風味

我從事這份工作 30 年來，一直在追尋鐵比卡品種的咖啡豆。東帝汶、巴布亞紐幾內亞、哥倫比亞北部、牙買加、古巴和多明尼加產的鐵比卡品種，特徵是有淡淡的甜味和青草味，而夏威夷、巴拿馬和哥斯大黎加的鐵比卡品種，則是絲滑中帶有醇厚度，風味略微不同。

鐵比卡品種的新芽呈古銅色。以前波旁品種的新芽呈綠色，因此可以藉由顏色區分兩者，但近年來波旁品種也出現古銅色的葉子。右圖為東帝汶的鐵比卡品種

夏威夷可娜的鐵比卡品種（左）有施肥，所以營養狀況良好，預計會有很高的收成量。右邊是巴布亞紐幾內亞的鐵比卡品種，推測可能肥料不足或樹齡較長

巴拿馬咖啡莊園的鐵比卡品種（左），以及牙買加咖啡莊園的鐵比卡品種（右）

8 波旁品種

荷蘭於 1718 年將阿姆斯特丹植物園的咖啡樹幼苗送往殖民地蘇里南（Suriname，荷屬圭亞那，位在南美洲東北部，1975 年獨立。獨立前受到英、法、荷三國瓜分），這成為波旁品種傳播的起點。到了 1727 年左右，這些咖啡小樹被移植到巴西北部的巴拉州（State of Pará），經過幾番曲折，終於在 1760 年種植於里約熱內盧州，並且在 1780 年種植於聖保羅州。此外，波旁品種於 1859 年從留尼旺島引進巴西，聖保羅州和巴拉那州成為主要產區。但是在 1975 年的霜災造成嚴重打擊後，產地轉移到北部的米納斯吉拉斯州、聖埃斯皮里圖州和巴伊亞州。在這段期間，巴西咖啡的品種日益多樣化，1875 年開始種植紅波旁品種，1930 年發現黃波旁品種，之後又培育出卡杜拉品種、新世界品種和卡杜艾品種。

波旁品種

沒有修剪的波旁品種咖啡樹高度可超過 4 公尺

另一方面，1715 年法國東印度公司將葉門的咖啡樹苗木種植在印度洋上的波旁島（現在的留尼旺島）的一座修道院花園中。該樹苗的後代依當時的波旁王朝取名為波旁品種。1878 年，法國傳教士將波旁品種從留尼旺島帶到東非的坦尚尼亞，成為法國使命團波旁咖啡（French Mission Bourbon）的祖先。德國的殖民者也開始在坦尚尼亞的吉力馬扎羅山麓種植波旁品種。到了 1900 年，蘇格蘭傳教士將波旁品種帶到肯亞。[91]

---

91 本段內容出處，分別參考：「珈琲の世界史」（咖啡的世界史），旦部幸博著，講談社現代新書於 2017 年出版。「コーヒーの事典」（咖啡事典），日本咖啡文化學會編撰，柴田書店於 2001 年出版。

從衣索比亞的留尼旺島傳播出去的咖啡，演變成波旁品種系列，並傳至東非、巴西，之後也種植到中美洲各國。阿拉比卡種的主要栽培品種，就是鐵比卡和波旁這兩大系列的品種。

我個人認為，瓜地馬拉安提瓜產區的咖啡豆，最能代表現代波旁品種的基本風味。該產區的許多咖啡莊園都是代代相傳，歷史悠久，而且咖啡品質穩定。

波旁品種的主要產地包括瓜地馬拉、薩爾瓦多、盧安達、巴西等，肯亞的 SL 品種也可歸為波旁品種系列，坦尚尼亞亦屬波旁品種系列，但常見與阿魯沙品種、肯特品種等混合成配方豆。

波旁品種的咖啡櫻桃

薩爾瓦多咖啡研究所開發的波旁品種選拔種（Tekisic）

瓜地馬拉安提瓜的波旁品種

厄瓜多的波旁品種

波旁品種的基本風味

風味較鐵比卡品種更醇厚，有明顯的柑橘類果酸，與複雜的醇厚度達成良好的平衡。這可說是阿拉比卡種咖啡的基本風味，請務必記住這種風味。

感官品評

這張圖表是盧安達加工出口業者協會於 2021 年 10 月舉辦「盧安達風味（A Taste of Rwanda）」競標拍賣會的樣本，舉辦拍賣會的目的，是為了提升盧安達咖啡在國內外的知名度。我將拍賣會的 7 種波旁品種水洗豆以電子舌進行測試。

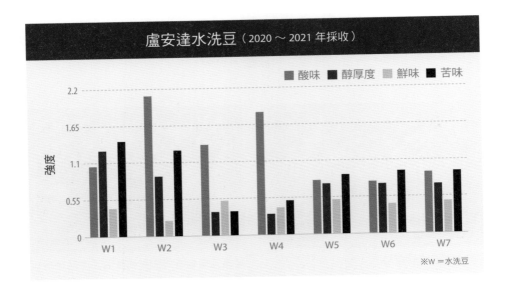

即使是同樣品種，不同產區的水洗加工站生產的咖啡仍然存在風味差異。W2、W4 的酸度較強，W5、W6、W7 的風味相似，競標拍賣會評審給予 85 至 87 分的高分。感官品評分數和電子舌數據的相關性系數是 r=0.8183，正相關性強。

盧安達的波旁品種

9 卡杜拉品種

卡杜拉是波旁品種的突變種，屬於矮種咖啡樹（樹高較低），適應力強，與波旁品種一樣可種植在多種咖啡的環境中。其他同樣是來自波旁品種的突變種還包括薩爾瓦多的帕卡斯品種，以及哥斯大黎加的維拉薩奇品種。

卡杜拉品種

卡杜拉品種的樹型矮小，能抗強風，因此在經常遭受颶風侵襲的多明尼加，已逐漸取代鐵比卡品種；在哥倫比亞和哥斯大黎加也取代了鐵比卡品種和波旁品種。此外，卡杜拉品種也因為樹型矮小、收成容易且產量約為鐵比卡品種的三倍，因此在瓜地馬拉等其他中美洲各國間也日益普遍，又分為紅卡杜拉品種（Caturra Vermelho）和黃卡杜拉品種（Caturra Amarelo）。

瓜地馬拉的卡杜拉品種

哥斯大黎加的維拉薩奇品種

卡杜拉品種的基本風味

一般認為卡杜拉品種適合種植在海拔 1,200 ～ 2,000 公尺的地方，但是在瓜地馬拉等多數產地，卡杜拉品種的風味比起波旁品種，則略偏沉重混濁。然而哥倫比亞的納里尼奧省和哥斯大黎加等地的微型處理廠，海拔 2,000 公尺的卡杜拉品種，卻能夠展現出飽滿的酸味和明確的醇厚度，是風味出色的咖啡豆。

⑩ SL 品種

SL 品種

　日本從 2005 年左右起開始進口奈洛比附近的萬戈莊園（Wango）等咖啡豆，其果香風味令人驚豔。SL 品種因為酸味強（中度烘焙的 pH 值約 4.75），帶有果實風味，是精品咖啡的代表品種。

　到了 2010 年左右，尚未有出口商代理咖啡合作社工廠（肯亞的水洗加工廠）咖啡，我因此必須向每週在奈洛比舉行的競標拍賣會索取清單，取得樣本，檢查風味並參與競標。那段時期，我在採購咖啡豆上反覆經歷成功與失敗，也認真學習試飲（杯測）咖啡的技巧。

　SL28 是史考特農業實驗室（Scott Agricultural Laboratories，1934 年～1963 年期間開發多種栽培品種的研究所，現在是肯亞國立農業研究所 [National Agricultural Research Laboratories，NARL]）從波旁品種中選拔出來。SL34 據說是史考特農業實驗室從卡貝特產區（Kabete）羅阿休莊園（Loresho Estate）的法國使命團系列（法國傳教士帶來的波旁品種）中選拔出來的品種。

　然而，實際上很難從樹形區分這兩個品種；SL 品種很可能發生自然雜交，而且樹木和葉片的形態差異不明顯。此外，目前尚未釐清此品種具有強烈酸味和水果風味的原因。

SL28 品種

SL34 品種法國使命團

> ## SL 品種的基本風味
>
> SL 品種的主要風味特色，是以檸檬（強烈的酸味）和柳橙（甜味）等柑橘類水果所含的檸檬酸為主。此外，還能感受到櫻桃、新鮮李子、覆盆子果醬等紅色系果實，黑莓、黑葡萄等黑色系果實，百香果和芒果等熱帶水果，李子果乾和葡萄乾等乾燥水果，以及杏桃果醬和番茄等等的風味。因此 SL 品種列為精品咖啡，也吸引了世界各地許多進口貿易商和烘豆業者前往產地進行考察。
> 建議先試喝肯亞的 SL 品種，確認其中的果實風味。

感官品評

　　這裡使用電子舌比較哥斯大黎加微型處理廠的 SL 品種、鐵比卡品種和藝妓品種咖啡豆，從圖表可以看出 SL 品種的酸味強。咖啡豆的風味會在適合的產地風土條件配合下發光，但 SL 品種無論種植在任何產地，都會種出令人印象深刻的酸味。

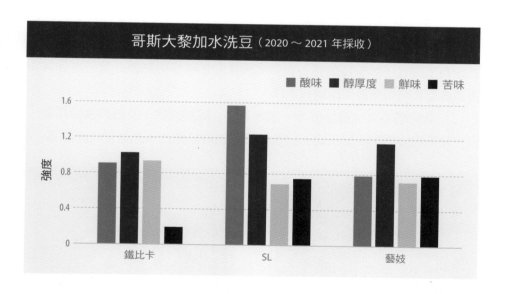

哥斯大黎加水洗豆（2020～2021 年採收）

酸味　醇厚度　鮮味　苦味

11 帕卡馬拉品種

　　帕卡馬拉品種是由薩爾瓦多國家咖啡研究（Salvadoran Coffee Research Institute，ISIC）所於 1958 年培育的雜交品種，並於 1990 年左右發布。它是帕卡斯品種（波旁的變異種）和馬拉戈吉佩品種（鐵比卡的變異種）雜交而成，名稱取自其雙親名稱的開頭。

帕卡馬拉品種

　　帕卡馬拉品種擁有遺傳自帕卡斯品種的高產量，以及承襲自馬拉戈吉佩品種的碩大果實，這正是薩爾瓦多最具代表性的咖啡品種。

　　在 2000 年中期的瓜地馬拉網路競標拍賣會上，艾茵赫特莊園的帕卡馬拉品種奪得冠軍，一舉成名。這款瓜地馬拉產的咖啡帶有柑橘類果酸，且融合了覆盆子的華麗酸味，在中美洲產的咖啡豆中難得一見，可分為絲滑清爽型和略帶華麗型這兩種風味。

　　這款與藝妓咖啡都是值得一試的咖啡，雖然價格不及藝妓咖啡昂貴，但在精品咖啡市場人氣很高，因此價格也遠高於鐵比卡品種和波旁品種。

薩爾瓦多的帕卡馬拉品種

帕卡馬拉品種的咖啡樹葉子很大

帕卡馬拉品種的基本風味

有迷人的花香、鐵比卡系列的絲滑口感，且伴隨著波旁系列帶甜的酸味。酸味是柑橘類果酸加上華麗紅色系果實的風味，與鐵比卡品種、波旁品種呈現出截然不同的風味。

瓜地馬拉咖啡莊園的紅帕卡馬拉品種

感官品評

　　下圖為艾茵赫特莊園同一採收年的兩個品種，以電子舌做比較的結果。以這個樣本來說，酸味與感官品評的結果一樣都很華麗，但質感卻略有不同。優質的帕卡馬拉品種兼具柑橘類果酸和紅色覆盆子般的華麗香氣，甚至不輸給藝妓品種的果實風味。

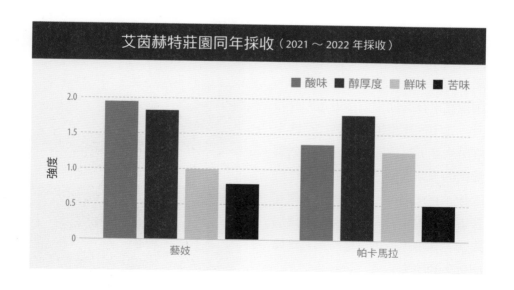

葉鏽病

葉鏽病（Coffee Leaf Rust）[92] 是 1861 年在肯亞的維多利亞湖畔首次發現，並迅速蔓延至世界各地。此病由咖啡駝孢鏽菌（Hemileia Vastarix）引起，會在葉背形成黃色斑點，導致落葉和樹木枯死。葉鏽病傳播的速度很快，病原菌的孢子可附著在空氣、昆蟲、人類和機械等擴散。由於阿拉比卡種咖啡的遺傳距離較近且缺乏抗性，因此恐有滅絕的危險。

斯里蘭卡過去曾因葉鏽病導致咖啡產業毀滅，因此轉為生產紅茶，印尼則因葉鏽病感染而改種產量高、耐病性強的剛果種（目前剛果種占印尼咖啡產量的 90%）。

一旦染病且蔓延，咖啡樹將會失去葉子，無法行光合作用而枯死。在 2000 年左右，哥倫比亞也曾經爆發葉鏽病疫情，導致咖啡產量從 1,100 萬袋暴跌至 700 萬袋，阿拉比卡種的期貨價格更是因此飆升。為了因應疫情，哥倫比亞國家咖啡生產者協會開發了有能力耐葉鏽病的卡斯提優品種，並積極推廣改種。在那之後，牙買加、薩爾瓦多、夏威夷可娜等地也深受葉鏽病影響，咖啡種植可謂是一部與葉鏽病抗爭的歷史。

基本的防治措施包括管理遮蔭樹[93]，改善通風，移除修剪受感染葉片等，除草以避免爭奪養分，

葉鏽病

葉鏽病

噴灑農藥，消毒衣物、農具、卡車、袋子等用具，防止傳播，並且限制產地訪客等，或是改種耐病的品種。

但是，耐葉鏽病的薩奇帝汶品種（Sarchimor，帝汶雜交種 × 維拉薩奇品種）[94]、卡帝汶品種（帝汶雜交種 × 卡杜拉品種）對咖啡葉鏽病的抵抗力正在下降，新的阿拉布斯塔品種的開發正在進行。

炭疽病

炭疽病（Coffee Berry Disease，CBD）的病徵是咖啡果實表面會出現暗褐色圓形斑點，首次出現是在 1920 年左右的非洲肯亞西部，會嚴重損害咖啡果實和根部，據說是由一種傳染性強的咖啡刺盤孢（Colletotrichum coffeanum）所引起，藉由潮濕、多霧和低溫擴散。肯亞等地陸續開發出抗炭疽病抗性高的卡帝汶系列魯爾 11 品種（Ruiru 11）等，後來為了兼顧葉鏽病和炭疽病的耐病性，並兼顧好風味，肯亞咖啡研究所（Coffee Research Institute，CRI）於 2010 年培育出巴蒂安品種（Batian）。

咖啡果小蠹

咖啡果小蠹（Coffee Berry Borer，CBB）在巴西稱為「布洛卡（Broca）」。成蟲是身長不到 1.66 公釐的黑色甲蟲，會進入咖啡櫻桃內部產卵，幼蟲則會吃掉種子，使生豆產生針孔，變成蟲蛀豆。2013 年夏威夷爆發咖啡果小蠹疫情，帶給夏威夷可娜毀滅性的打擊。[95]

92　關於葉鏽病，請參考論文：Jacques Avelino et.al/The coffee rust crises in Colombia and Central America (2008–2013): impacts, plausible causes and proposed solutions。

93　據說在遮蔭樹下的咖啡樹即使發現葉鏽病的病原菌，也具有強大的抵抗力。此外，研究顯示海拔愈高，殺菌劑的效果也愈好，而透過施肥保持健康且養分充足的樹木，能夠有效抑制感染。

94　帝汶雜交種（Hibride de Timor，HdeT）（見 Part3「7 從品種挑選咖啡豆：剛果種與雜交種」）。

95　關於咖啡病蟲害的簡單介紹請見：http://www2.kobe-u.ac.jp/~kurodak/Coffee/Pests.html（注：內容為日文）。

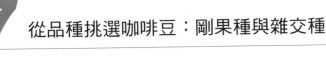

剛果種

目前剛果種的產量約占全球咖啡總產量的 40％，與 30 年前我開始從事咖啡工作時相比，增加了大約 10％，日本進口的咖啡豆中有 35 ～ 40％是剛果種。由於剛果種價格較低，經常用來替阿拉比卡咖啡豆的增量，或用於製作即溶咖啡和工業產品，主攻低價市場。儘管本書主要是介紹阿拉比卡種，但剛果種也扮演重要的角色。剛果種與阿拉比卡種自然雜交後，產生帝汶雜交種，對阿拉比卡種後來的發展也產生重大影響。

剛果種大部分是採用簡單的日曬處理法，因此近 20 年來品質持續走下坡。剛果種咖啡一般缺乏酸味，帶有混濁的雜味和明顯的苦味，風味類似燒焦的麥茶。然而在義大利、法國和西班牙等地，剛果種才是製作濃縮咖啡的首選。

從咖啡的市場原理來看，低價的剛果種雖然有一定的需求，但其市場占有率的擴大也導致了咖啡整體風味平均水準下降。不過，剛果種可以在低地種植（低地耕作面積較大）且產量較高，足以支撐咖啡農的生活也是不爭的事實。氣候變遷導致咖啡產量下滑，不僅影響到阿拉比卡種，對剛果種也影響甚巨。因此今後思考的重點應該著重於咖啡的品種、產量和消費量等結構性的問題。

東帝汶的剛果種

剛果種

感官品評

我們從剛果種的生產國中挑選了一些樣本，使用電子舌進行分析，其中寮國和越南的部分剛果種，是首次種植在海拔約 1,000 公尺高地的實驗品，稱為「精選羅布斯塔（Fine Robusta）」。此外，我們還收集了印尼 WIB 水洗豆和 AP1 日曬豆，以及剛果種產量多的巴西（占總產量約 30％，主要供應巴西國內市場）和坦尚尼亞的樣本。如果有機會，各位不妨試一下剛果種的風味。

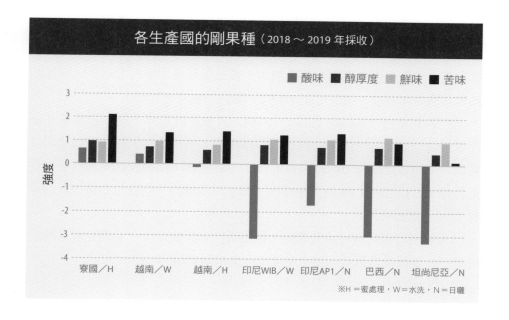

各生產國的剛果種（2018 ～ 2019 年採收）

■ 酸味　■ 醇厚度　■ 鮮味　■ 苦味

※H＝蜜處理，W＝水洗，N＝日曬

剛果種的基本風味

風味類似燒焦的麥茶，味道重，苦味強，與阿拉比卡種有根本上的差異。使用電子舌比較剛果種與「精選羅布斯塔」，結果發現傳統的剛果種沒有酸味。

2 賴比瑞亞種

　　賴比瑞亞種是咖啡三大原種之一，但流通量極其稀少，所以品嚐的機會也較少。賴比瑞亞種原產於賴比瑞亞、烏干達和安哥拉，19世紀末由於阿拉比卡種咖啡樹受到葉鏽病嚴重侵襲而瀕臨滅絕，於是

賴比瑞亞種代替阿拉比卡種被引進印尼。目前賴比瑞亞種主要種植於菲律賓和馬來西亞，但主要用在觀光需求。賴比瑞亞種咖啡樹可耐受低海拔的熱帶高溫多濕環境，樹高可達 9 公尺，葉片和咖啡豆皆較大。

　　巴拉科咖啡（Barako coffee，Barako 有強壯的意思）是一款種植在菲律賓且幾乎都在當地販售的賴比瑞亞種咖啡，不常出口。特色是咖啡因含量低，平均含量是每 100 公克有 1.23 公克咖啡因，而阿拉比卡種的平均含量為每 100 公克有 1.61 公克咖啡因，羅布斯塔種的平均含量為每 100 公克有 2.26 公克咖啡因。

　　夏威夷可娜的格林威爾莊園，曾將鐵比卡品種嫁接 [96] 在賴比瑞亞種的樹苗上。我曾親自嘗試，卻發現這項作業相當繁瑣。

尤金尼奧種

咖啡屬是由 120 多個獨立物種組成，其中的阿拉比卡種、剛果種和賴比瑞亞種是常見的栽培種。阿拉比卡的親本之一是尤金尼奧種。尤金尼奧咖啡原產於東非高原，咖啡因含量約為阿拉比卡種的一半，苦味較少。過去這種咖啡並未流通，但現在哥倫比亞的咖啡莊園開始種植尤金尼奧種，並在 2021 年的世界咖啡師大賽中使用。

96　在砧木（賴比瑞亞種）上劃幾刀，插上鐵比卡品種的接穗，使它同時具有砧木耐病蟲害的強健，也繼承鐵比卡品種的遺傳特性。

3　帝汶雜交種

　　阿拉比卡種可以自花授粉，因此只種一棵樹苗也能夠採收果實與繁殖（剛果種無法自花授粉）。阿拉比卡種和剛果種通常不會自然雜交，但1920年在東帝汶發現了一種阿拉比卡種和剛果種的自然雜交種，稱為帝汶雜交種。

　　這個品種的發現，使其有機會與其他阿拉比卡種雜交，藉此誕生出具有抗葉鏽病的雜交品種，如：卡帝汶品種（Catimor）和薩奇帝汶品種。這些品種可耐葉鏽病，因此廣泛種植在許多產地。

　　這款帝汶雜交種雖然歸類於阿拉比卡種，但並未廣泛流通，因此我們特地從東帝汶進口試飲，風味偏向阿拉比卡種，而非剛果種。

東帝汶

帝汶雜交種

4 卡帝汶品種

阿拉比卡種的遺傳差異較小，因此對葉鏽病等疾病的抵抗力較弱。這也代表如果發生葉鏽病或害蟲侵襲，幾乎所有的阿拉比卡種有可能一口氣滅絕。為了克服阿拉比卡種的弱點，1959 年，葡

卡帝汶品種

萄牙一家研究所培育出卡帝汶品種，該品種具有高產量、高耐病性和高密植性，是帝汶雜交種和卡杜拉品種雜交而成的新品種。

後來卡帝汶品種的種植範圍急速擴大，在印尼、中國、印度、菲律賓、寮國等亞洲國家、哥斯大黎加等中美洲國家均有栽種。

亞洲地區廣泛種植的卡帝汶品種，味道偏重，有時會略帶混濁感。比方說，蘇門答臘曼特寧的鐵比卡品種與卡帝汶系列的阿藤品種、雲南鐵比卡品種與卡帝汶品種等，在感官品評上可區分出來。

但是即使是卡帝汶品種，只要採收完全成熟的果實並細心乾燥，也有機會產生明顯的酸味和醇厚度。印度中央咖啡研究所（Central Coir Research Institute，CCRI）拿帝汶雜交種與各種阿拉比卡種進行雜交，培育出 13 種卡帝汶品種，供商業用途使用（在 2022 年的印度網路拍競標賣會上，其中一個品種是 Selection9）。

1978 年，T-8667 卡帝汶品種從巴西維索薩聯邦大學（University Federal de Viçosa，UFV）送至哥斯大黎加的熱帶研究所高等教育中心，隨後將種子提供給中美洲各國。後來，熱帶研究所高等教育中心在哥斯大黎加對 T-8667 做了進一步的篩選，培育出哥斯大黎加 95 品種。宏都拉斯咖啡研究所（Instituto Hondureño del Café，IHCAFE）培育出倫皮拉品種（Lempira），而薩爾瓦多咖啡研究所（Instituto Salvadoreño de Investigaciones del Café，ISIC）培育出卡西提克品種（Catisic）。而哥倫比亞在帝汶雜交種和卡杜拉品種的雜交種之後，培育出卡斯提優品種。

亞洲地區的咖啡以卡帝汶品種為主，請務必試試。

感官品評

　　本圖表為亞洲產卡帝汶品種的電子舌分析結果,並將緬甸產 SL 品種當作對照。與 SL 品種相比,亞洲產卡帝汶品種整體的酸味偏弱。

　　但亞洲地區種植且經過妥善乾燥程序的卡帝汶品種,有飽滿的酸味,可惜酸味偏向醋酸而非檸檬酸。

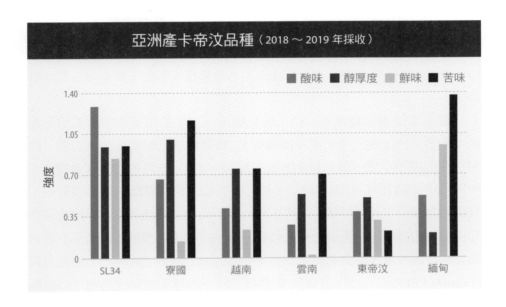

　　以這個樣本來說,我用 SCA 杯測法評鑑的結果是 SL 品種 83 分,除此之外的都在 80 分以下。感官品評分數和電子舌數據的相關性系數是 r=0.9387,正相關性極強。

亞洲咖啡生產國的日曬處理法

5 卡斯提優品種

卡斯提優品種是哥倫比亞國家咖啡研究中心（哥倫比亞國家咖啡生產者協會的研究部門）在哥倫比亞品種（帝汶雜交種和卡杜拉品種的雜交種）之後開發的品種。研究中心於 2005 年宣布，

卡斯提優品種

自 2009 至 2014 年期間，要在哥倫比亞各地種植大量的卡斯提優品種咖啡苗。

就卡斯提優品種來看，F1（雜交種第一代）是由兩個不同系列交配生下的第一代子孫。卡斯提優品種的 F1 樹高較矮且耐葉鏽病能力強，F2 的樹高出現不一致，後來經過多次交配後，到了 F5 這一代才達到穩定。卡斯提優品種共有 40 種複製品，並配合哥倫比亞各縣的區域適性種植，其生產力優於卡杜拉品種，又可採收較多的大粒豆，此外它還有耐葉鏽病和炭疽病的能力，是哥倫比亞的代表品種。哥倫比亞根據各複製品與各縣環境的合適程度，在安蒂奧基亞省（Antioquia）種植了玫瑰卡斯提優品種（Castillo El Rosario），托利馬省種植了特立尼達卡斯提優品種（Castillo La Trinidad）。

卡斯提優品種

卡斯提優品種的基本風味

哥倫比亞國家咖啡生產者協會認為，卡杜拉品種和卡斯提優品種在風味上沒有差異，但如果是在高海拔產地（1,600 公尺以上），卡斯提優品種的風味略重，而卡杜拉品種則有良好的香氣和柑橘類水果的明亮酸度。相比之下，卡杜拉品種的風味比較澄淨。

感官品評

　　我們從 2021 年 2 月舉行的哥倫比亞豐饒之境競賽（Colombia Land of Diversity Contest）拍賣會中，選了卡斯提優品種和卡杜拉品種進行電子舌測試。這場拍賣會在哥倫比亞國家咖啡生產者協會的支持下舉行，目的在宣傳哥倫比亞產區的多樣性。我們從 1,100 個樣本中篩選出 26 個樣本，由於沒有拍賣會評審的評語，因此感官品評是由 20 位試飲講座評審團進行。

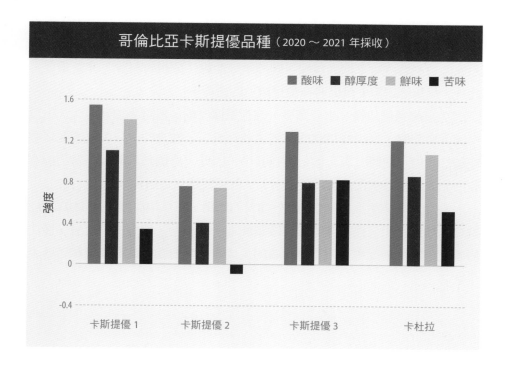

　　在這份樣本中，卡斯提優 1 的得分為 83 分，卡斯提優 2 為 79 分，卡斯提優 3 為 80 分，卡杜拉為 85 分。電子舌數值與 SCA 杯測法分數的相關性系數是 r=0.6604，相關性偏弱。

　　因為經常發生混合多樣品種的情況，所以在購買哥倫比亞產咖啡時，請記得先檢查品種。

1　何謂烘焙？

　　烘焙（Roasting）是指將生豆中的含水量從原來的 11％左右，透過傳熱（熱量傳遞）的過程，降低至 2 ～ 3％成為適合研磨的狀態，本書將整個傳熱過程稱為烘焙（烘豆）。在烘焙過程中，生豆中的成分會因化學反應而分解或消失，並產生新的揮發性物質和非揮發性物質，也就是說，傳熱速度會影響咖啡萃取的風味，因此烘焙曲線（分析資料等）非常重要。此外，烘焙師還需要具備發揮生豆潛力的技巧。

　　生豆經過烘焙後，水分蒸發，細胞組織收縮，但隨著加熱愈久，生豆內部就會膨脹，形成蜂巢狀的空腔（多孔質），咖啡的成分會附著在這些空腔的內壁，並將二氧化碳封閉在其中。因此，要讓熱水可以輕鬆溶解空腔內的成分和碳水化合物（纖維素），就需要烘焙這道程序。

　　每 100 公克生豆中約含有 6 ～ 8％的蔗糖，在烘焙溫度達到 150℃時，就會開始焦糖化。接著蔗糖會與胺基酸進一步結合，發生梅納反應，產生甜香成分和梅納反應化合物等複雜的生成物，並對咖啡的醇厚度和苦味產生影響。

用 5 公斤烘豆機烘焙

我們認為梅納反應發生時的火力和時間長度，會對咖啡風味產生重大影響。據說梅納反應時間愈長，黏稠度（醇厚度）愈高；時間愈短，酸味（酸度）愈強，但我們發現很難驗證熱量和時間長短的變化與風味之間的關係。

　　小型烘豆機的具體操作方式，最終還是要靠資深烘豆師的經驗。烘豆師會控制投入生豆的溫度，固定豆量，控制烘焙過程中的溫度和排氣，並綜合觀察爆裂音（氣體撐破豆殼時發出的聲音）、烘焙時間和顏色等因素進行烘焙。為了維持上述方法的穩定性，自 2010 年起，有愈來愈多人將烘豆機接上電腦，根據烘焙曲線進行烘焙。

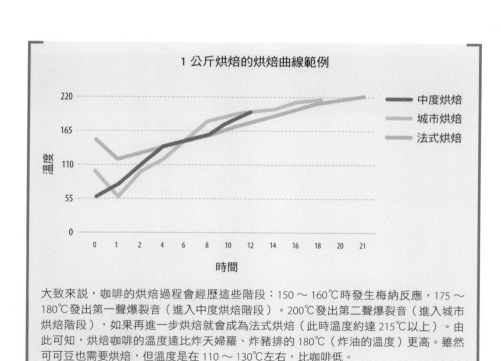

大致來說，咖啡的烘焙過程會經歷這些階段：150 ～ 160℃時發生梅納反應，175 ～ 180℃發出第一聲爆裂音（進入中度烘焙階段）。200℃發出第二聲爆裂音（進入城市烘焙階段），如果再進一步烘焙就會成為法式烘焙（此時溫度約達 215℃以上）。由此可知，烘焙咖啡的溫度遠比炸天婦羅、炸豬排的 180℃（炸油的溫度）更高。雖然可可豆也需要烘焙，但溫度是在 110 ～ 130℃左右，比咖啡低。

※ 烘焙溫度會隨著烘豆機的構造、溫度計的設置位置而有所不同，因此這裡寫的僅供參考。咖啡使用的「烘焙」一詞也可用在可可上。

② 烘焙的穩定性

　　確認烘焙穩定性的簡單方法之一，就是參考烘焙後的重量損失率[97]，這也有助於確定烘焙規格。

　　下表是使用 1 公斤烘豆機烘焙 300 公克生豆至中度烘焙的結果。投入溫度、瓦斯壓力和排氣量均統一為 160℃、0.6 和 2.5，烘焙時間為 7 分 46 秒至 8 分鐘。由於烘焙量少，因此烘豆機未進行細節調整。

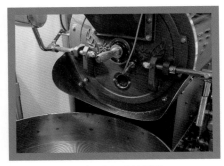

這是我在 1990 年開店時使用的 FUJI ROYAL 改良型 5 公斤烘豆機

FUJI ROYAL 1 公斤烘豆機烘焙 300 公克生豆				
咖啡豆來源	烘焙時間	縮減率%	色差計	感官品評
肯亞	7分46秒	11.6	20.6	類似杏桃果醬
秘魯	7分57秒	12.6	21.2	明亮的柑橘酸味
瓜地馬拉	8分	12.8	21.0	柳橙、夏蜜柑
哥倫比亞	8分	12.8	21.4	李子、萊姆、蜜柑

97　以失重率（Shrinkage，亦即重量損耗）為基準，只要能控制在一定的範圍內即可。此外也可以使用色差計的 L 值（顏色的亮度＝明度）來測量，L 值為 0 是黑色，100 是白色，數字愈大，顏色愈亮。大型烘豆業者一般都會使用色差計，但這種機器價格昂貴，在自家烘焙咖啡店幾乎不會使用。還有一種說法稱為良品率（投入的生豆（原料）與得到的烘焙豆（成品）之間的比例）。

③ 不同烘焙度的咖啡

　　日本現在流通著各種烘焙程度的咖啡豆，但在我 1990 年開店時，日本的咖啡市場上超過 90％是中度烘焙，而深度烘焙主要用於冰咖啡。因此，我一開始是採用中度烘焙（中焙）、城市烘焙（中深焙）和法式烘焙（深焙）這三種，而且我為了與市場作區隔，會特別向顧客推薦城市烘焙以上的深焙豆。

　　現在日本普遍使用的 8 階段烘焙中，淺焙和肉桂烘焙（Cinnamon Roast）幾乎沒有流通。此外，即使稱為 8 階段，但不同烘豆業者會有細微的烘焙差異，也有許多烘豆業者根本不使用這 8 階段，也很少有這麼多種烘焙度的國家，而且名稱也會有所不同。

　　美國有些地區曾經使用過 8 階段烘焙，但現在已經不用。美國歷史最久的咖啡組織美國國家咖啡協會（National Coffee Association USA）[98] 以烘焙顏色為基準，將烘焙度分為淺度烘焙（淺焙／ Light Roast）、中度烘焙（中焙）、中深度烘焙（中深焙／ Medium-Dark Roast）和深度烘焙（深焙或重焙／ Dark Roast）這 4 個階段（不過，各家公司的烘焙度標準並不一致）。中深度烘焙大致相當於深城市烘焙（Full City Roast），深度烘焙則是指咖啡豆表面會滲出油脂的烘焙度。

各種款式的烘豆機

98　出處：Coffee Roasts Guide (ncausa.org)。

樣本烘豆機（上左）、5 公斤烘豆機（上右）、排煙管（下左）、後燃機（下右）、後燃機高溫燃燒滅煙

　　歐洲還持續使用日耳曼烘焙（German Roast）、維也納烘焙（Vienna Roast）、法式烘焙（French Roast）、義式烘焙（Italian Roast）這些目前已經很少見的傳統烘焙程度名稱，來區分咖啡豆的烘焙度。我在開業前曾對紐約的咖啡豆零售店進行市場調查，發現當時許多店家都使用這些歐洲傳統烘焙度來標示咖啡豆的烘焙程度。但是近年來歐洲的咖啡烘焙度整體趨向淺焙，許多咖啡豆的烘焙度都接近日本的「中度烘焙」。

　　我認為要表現生豆的風味，需要多樣化的烘焙度，因此採用了 8 階段烘焙度。我原本就追求深焙咖啡的美味，因此現在不做淺焙、肉桂烘焙、中焙，而是採用高度烘焙到義式烘焙為止的 5 階段烘焙度烘豆。

　　由於各烘豆業者和自家烘焙咖啡店的烘焙度略有不同，因此我在下一頁歸納出 8 段階烘焙度的特徵。

99　　L（Light）值＝使用分光色差計 SA4000（日本電色工業製）檢測。
100　　爆裂＝生豆溫度超過 100℃時，水分會蒸發，生豆會脫水；溫度繼續上升，生豆內部就會產生二氧化碳，二氧化碳從生豆表面形成的氣泡排出時，就會發出爆裂音。

不同烘焙度的特徵

請參考本頁，找出自己喜歡的咖啡豆烘焙度。

▌淺度烘焙

pH 值／－
L 值[99]／－
良品率／－
烘焙程度淺，略帶穀物味（麥芽、玉蜀黍）

▌肉桂烘焙

pH 值／4.8 ≦
L 值／25 ≧
良品率／88~89%
烘焙程度淺，類似檸檬的酸味、堅果、香料

▌中度烘焙

pH 值／4.8~5.0
L 值／22.2
良品率／87~88%
差不多在第一次爆裂[100]後就結束，因此酸味強、液體略帶混濁、柳橙

▌高度烘焙

pH 值／5.1~5.3
L 值／20.2
良品率／85~87%
大約是中焙結束到第二次爆裂前一刻，清爽的酸味、蜂蜜、李子

▌城市烘焙

pH 值／5.4~5.5
L 值／19.2
良品率／83~85%
大約在第二次爆裂開始時結束，剛要進入深焙階段，柔和的酸味、香草、焦糖

▌深城市烘焙

pH 值／5.5~5.6
L 值／18.2
良品率／82~83%
大約在第二次爆裂的高峰期前後，與法式烘焙之間難以區分，類似巧克力

▌法式烘焙

pH 值／5.6~5.7
L 值／17.2
良品率／80~82%
大約在第二次爆裂高峰期到第二次爆裂結束前一刻的烘焙度，黑巧克力色，咖啡豆表面隱約浮現油脂，苦巧克力

▌義式烘焙

pH 值／5.8
L 值／16.2
良品率／80%
比法式烘焙更深，隱約有焦味，排氣不良就會接近黑色

4 烘焙度的定義

　　基本上生豆會先進行樣本烘焙，並透過試飲來判斷酸味和醇厚度的強弱，但即使是專業人士也會覺得這很困難，需要經過大量的練習和失敗才能夠掌握技巧。

　　像牙買加的鐵比卡品種這類質地軟的咖啡豆，由於纖維質柔軟，容易吸熱，因此也很容易烤焦，通常只會烘焙至高度烘焙就停止；至於來自肯亞的硬質豆，就有可能烘焙至法式烘焙的程度。

　　照片上是掃描式電子顯微鏡 [101] 觀察肯亞和蘇門答臘產的中焙豆剖面。隨著烘焙的進行，生豆內部形成空腔和多孔質結構（蜂巢狀結構），到了最深的義式烘焙時，部分空腔會破裂，滲出油脂。將顯微鏡倍率提高到500倍，可以觀察到肯亞咖啡豆的空腔形成較少，豆質較硬，因此可以推測肯亞咖啡豆適合更深的烘焙度。

　　由此可知，各產地的生豆都有各自適合的烘焙度，才能充分展現其潛在風味。有些豆子適合中度烘焙，有些豆子可以烘焙到高烘焙度，有些豆子即使到法式烘焙也能保留風味。大致上來說，硬質豆比軟質豆（Soft Bean）更適合較深的烘焙度。

101　使用日本電子（股）公司的掃描式電子顯微鏡 JMC-7000。

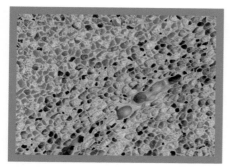
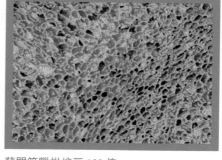

肯亞烘焙豆 100 倍　　　　　　　　　蘇門答臘烘焙豆 100 倍

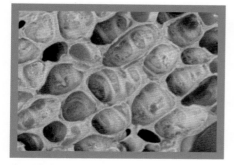
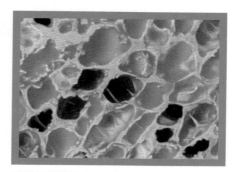

肯亞烘焙豆 500 倍　　　　　　　　　蘇門答臘烘焙豆 500 倍

　　從外觀和經驗來看，硬質豆可能包括以下幾種：①堆積密度大的豆子、②經過比重篩選的豆子、③新採收的豆子（該年度採收）、④在相同緯度下，來自更高海拔產地的豆子、⑤脂質和酸的含量較高的豆子。這類硬質豆的果實結實，因此在中度烘焙時不易膨脹，容易在表面留下皺紋。另一方面，達到城市烘焙或法式烘焙這些較深的烘焙度時，它們的味道也相對穩定。

　　具體來說，我認為肯亞咖啡豆比坦尚尼亞咖啡豆、哥倫比亞南部咖啡豆比北部咖啡豆、瓜地馬拉安提瓜咖啡豆比阿蒂特蘭咖啡豆、哥斯大黎加塔拉珠咖啡豆比三河流域咖啡豆，更適合較深的烘焙度。我會根據多年的經驗，來決定合適的烘焙度。

不同烘焙度的風味變化

　　烘焙能夠使咖啡產生更多樣化的風味，烘焙度可以改變咖啡的酸味、苦味、甜味和醇厚度等。不同的烘焙度有不同的酸味和苦味，這個差異很容易辨別，但甜味和醇厚度就比較難以掌握。

不同烘焙度的風味差異範例					
烘焙度	pH 值	酸味	苦味	甘味	醇厚度
中度	pH5.0	明確的酸味	輕盈的苦味	溫和的甜味	清爽
城市	pH5.3	輕盈的酸味	舒服的苦味	餘韻帶甜	滑順
法式	pH5.6	細微的酸味	飽滿的苦味	甜香味	有質感

感官品評

　　下面這張圖表是用電子舌檢測 3 種不同烘焙度咖啡的結果，可以看出酸味在中度烘焙的咖啡最強，在法式烘焙的咖啡中最弱，苦味則相反。鮮味在所有烘焙度中都表現均衡，但澀味在中度烘焙的咖啡中更多。雖然這項結果不能代表所有咖啡，但仍可看出烘焙度會影響到咖啡的風味。

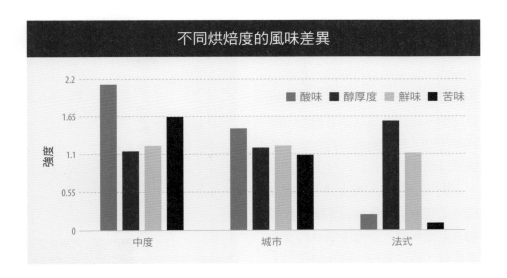

不同烘焙度的風味差異

■ 酸味　■ 醇厚度　■ 鮮味　■ 苦味

強度

　　烘焙度是個人喜好的問題，消費者可以自由選擇。而我個人是偏好法式烘焙的咖啡豆，沒有焦味或煙燻味，帶有柔和的苦味、淡淡的酸味和甜味。我會使用較多的咖啡粉，沖煮成濃度較高的咖啡飲用。

⑥ 烘焙豆的保存方式

一般來說，自家烘焙咖啡店銷售的是新鮮烘焙的咖啡豆，超市等包裝販售的咖啡豆大多印有最佳食用期限（最佳食用期限是指食品在這個期限之內風味最佳，並非指保存期，限最佳食用期限的標準由各業者自行設定），卻很少標示烘焙日期。假如各位是在實體門市購買咖啡豆，可以詢問店員咖啡豆的烘焙日期。

沖煮咖啡注入熱水時，若咖啡粉為了釋放二氧化碳而膨脹，代表咖啡豆很新鮮。不過中焙豆的含水量較高（烘焙過程中脫水較少），因此膨脹程度不及深焙豆。

烘焙豆的基本保存原則就是，無論是咖啡豆還是粉末，都應該放在冰箱冷凍庫裡。

鋁箔等包裝材質的保存性較高，塑膠等材質會透氣。近年來許多包裝袋都有排氣閥（可排出二氧化碳，但不能進氣），方便用來包裝剛烘焙好的咖啡豆，但若要常溫保存仍然有極限。無論包裝材質或賞味期限為何，只要是烘焙日期不明的咖啡豆，都建議購買後立刻放入冰箱冷凍庫保存，以免氧化。根據日本工業規格（JIS）規定，家用冰箱的冷凍室溫度應該在零下 18℃。這個溫度可抑制微生物生長。在我的大學研究室是將烘焙好的咖啡豆真空包裝，放入專用的冷凍包裝袋中，存放在「零下 30℃」的冷凍庫中。

1 常溫保存的話，將咖啡豆放入瓶罐中，置於陰涼處（避免陽光、空氣、高溫），可保存約 3 週。假如購買的是新鮮烘焙的咖啡豆，建議各位可以試試看在買回當天、3 天後、7 天後、14 天後、21 天後分別喝喝看，感受風味變化，就能了解這款咖啡豆的風味演變和最佳飲用時間。

2 我認為即使是未開封的新鮮烘焙咖啡豆，其風味也會在2～3個月間逐漸下降（但不同業者或許有不同的看法，因此有些業者訂定的賞味期限可能超過 1 年）。購買後，請立刻將包裝好的咖啡放入冷凍專用袋中冷凍保存。使用時，從冰箱冷凍庫一取出咖啡豆，就立即磨粉並注入熱水（烘焙豆的含水量約為2%，因此不會完全結冰，無需解凍至室溫）。咖啡豆使用完畢，請再次保存在冷凍庫中。

透明的保存容器容易造成咖啡豆劣化

長期常溫保存的烘焙豆會產生酸敗（油脂成分中的脂肪酸在空氣中氧化，產生難聞氣味），還會產生所謂的「陳味（Stealing）」，也就是說烘焙豆或咖啡粉吸收濕氣後產生的不討喜酸味。咖啡萃取液長時間保 會變得酸澀，也是同樣道理。

剛烘焙好的咖啡豆，建議放入密封容器，常溫保存約 3 週內飲用完畢。若需長期保存請放入冰箱冷凍庫。

單品豆與配方豆

我在 1990 年左右剛開店時，大部分的咖啡店菜單上都寫著「綜合咖啡（或特調咖啡）」。當時只有少數的咖啡專賣店在提供哥倫比亞和巴西等產區的咖啡之外，還有藍山等高級咖啡的選項，而這些咖啡稱為「單品咖啡」，與綜合咖啡不同（綜合咖啡是烘豆業者原創的配方，混合多種咖啡豆調和而成，也就是一般顧客進入傳統咖啡店時會點的「咖啡」）。

後來到了 2000 年代之後，開始出現標示著生產國咖啡莊園名稱的咖啡。2010 年左右起，咖啡消費者與生產者的距離更加拉近，生產履歷標示明確的咖啡愈來愈普及，也出現「單品豆」一詞並掀起單品咖啡熱潮，甚至出現了「非單品咖啡就不是咖啡」的說法。優質的咖啡多數擁有獨特的風味，當然最適合直接飲用。

然而，無論時代如何變遷，在咖啡這一行 30 年來的經驗讓我相信，咖啡豆業者和店家對咖啡的價值觀和主體風味，都會體現在配方咖啡豆中。因此假如你是第一次向某家公司或咖啡店購買烘焙豆，不妨試試他們的原創綜合咖啡（配方豆，也稱為混豆）。

我使用過許多單品豆，也創作過許多配方豆。我在 2013 年正值單品豆熱潮時，率先整理並製作了＃1～＃9 的配方豆。配方豆的創作不需要受到既定觀念束縛，必須發揮想像力，若想要表達心中構思的風味，就必須先了解單品豆的風味。我認為終極的配方豆風味，擁有單品豆無法呈現的穩定風味與複雜度。

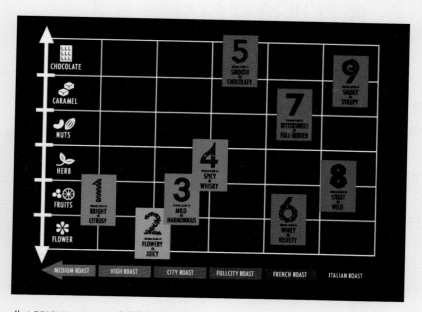

1 BRIGHT & SILKY ／明亮絲滑：輕盈、清爽、華麗的中深焙咖啡

2 FRUITY & LUSCIOUS ／果香濃郁：各種水果交織而成的複雜果香咖啡

3 MILD & HARMONIOUS ／溫和協調：各種風味澄淨柔和蔓延的配方豆

4 AROMATIC & MELLOW ／芳香醇厚：追求複雜風味，咖啡就會變妖豔

5 SMOOTH & CHOCOLATY ／滑順巧克力：苦味穩定，有甜味且口感滑順

6 WINEY & VELVETY ／葡萄酒般絲滑：讓人聯想到口感滑順的紅酒

7 BITTERSWEET & FULL-BODIED ／苦甜醇厚：最能代表「深焙」的經典配方豆

8 PROFOUND & ELEGANT ／深邃優雅：苦味飽滿，入喉有感又華麗

9 DENSE & TRANQUIL ／濃郁寧靜：苦味中帶有香氣和甜味、黏稠感的風味

　　這9種綜合咖啡配方豆的特點是，從＃1的中深度烘焙到＃9的義式烘焙，烘焙程度逐漸加深，並且依照風味進行分類。

　　這些配方豆使用風味有個性的精品咖啡豆，想像著調和出來的全新風味組合而成，因此每年為了維持這些配方豆的風味，必須使用許多單品豆；再加上烘焙次數增加，又無法用大型烘豆機一次完成，因此製作配方豆是一項耗時費力的工作。

⑧ 優質烘焙豆的分辨方式

　　購買烘焙豆時，能夠從外觀判斷品質好壞嗎？當然可以，請參考下面的介紹。

把包裝中的咖啡豆倒入容器裡

1 | 整體顏色不均勻的咖啡豆，除非是由不同烘焙度的咖啡豆混合而成，否則都是處理過程中乾燥不均所造成。這會導致咖啡風味混濁。

2 | 與成熟豆相比，未熟豆的蔗糖含量較低，上色較差，在一堆烘焙好的咖啡豆中，顏色明顯較淺，這會使得咖啡帶有混濁感和澀味。

3 | 最好選擇沒有破裂豆或蟲蛀豆（有針孔）的咖啡豆。

4 | 表面滲出的油脂不會影響風味，但如果咖啡豆存放過久，可能導致風味變質。優質咖啡豆的外觀必須看起來澄淨漂亮。

萃取時確認

　　新鮮的咖啡豆在烘焙完之後，仍帶有二氧化碳和香氣成分，所以新鮮的咖啡粉香（乾香氣）濃郁，手沖萃取時，一沖入熱水咖啡粉就會膨脹。

咖啡粉膨脹表示新鮮

品評咖啡

　　咖啡的風味非常複雜而且種類繁多，想要從眾多咖啡中做出抉擇是相當艱鉅的任務，若是能夠自行評估所選咖啡的風味，更是一項了不起的能力。

　　PART 4 將從品嚐咖啡的角度出發，探討如何評估（判斷）什麼是好咖啡、什麼是出色的風味、什麼是美味的咖啡。或許各位會覺得難度很高，但對於從事咖啡工作的人和消費者來說，能夠客觀判斷「什麼是好咖啡」相當重要。一開始可能困難重重，但隨著經驗的累積，漸漸就能明白其中的道理。請各位把目光放遠，堅持不懈地提升自己的技能。

以詞彙形容咖啡風味

當我們用五感感受咖啡的香氣時，可能會將這些咖啡豆的風味留在潛在記憶中，也可能會遺忘。要喚起某種風味，就需要語言來表達，因此把風味變成詞彙存入記憶中是很重要的，而這些詞彙也必須具體且客觀，才能夠與他人共用。

雖然詞彙是重要的溝通工具，但以詞彙形容並讚美優質咖啡的風味，仍處於剛起步的發展階段（與葡萄酒不同的是，咖啡風味的形容詞尚未系統化、也沒有形成共識）。

關於風味表現，有一種稱為「風味輪（Flavor Wheel）」的工具可以參考，風味輪是把從某個食品中感受到的香氣和味道特徵，根據相似性和專屬性，排列成層狀的圓形。這個風味輪是利用啤酒、日本酒、味噌、紅茶和其他許多食品建構而成。

至於咖啡，主要是使用精品咖啡協會設計的風味輪。SCA 風味輪固然完善，但風味受到美國的飲食文化影響，因此不同國家和種族的感受略有不同；雖然可當作參考，但內容太複雜，即使是專業人士也需要有經驗才能理解和消化。

精品咖啡也是如此，能夠用詞彙描述風味的高品質咖啡並不多。以 SCA 杯測法為例，80 到 84 分的咖啡風味很難用簡單的詞彙形容，有的頂多是「有柑橘類果實般明亮的酸味，有穩定的醇厚度，餘韻帶甜且持久。沒有扣分的不討喜風味，味道澄淨」這種程度的描述。然而，85 分以上的咖啡則能展現出各產區或品種的獨特風味特徵，因此可使用的形容詞也就增加了，但這類咖啡在市面上極為罕見。

適當的風味形容應該是多數人都能夠理解和認同，而非只是單純的個人感受，所以我們需要研究一套通用的風味詞彙集。

描述風味時應該儘量簡單明瞭，例如：「舒服的香氣、花香、香氣強烈、酸味強、清爽的酸味、華麗的印象、帶有甜味、餘韻帶甜、有混濁感」

等，避免使用過多複雜的詞彙，剛開始可以先從兩～三個簡單的詞彙開始。一旦養成喝咖啡時會注意到風味的習慣後，自然就會開發味覺，增加表達的詞彙。

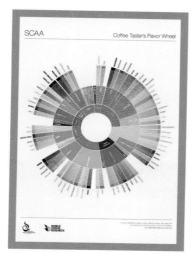

風味環（味輪）

世界咖啡研究室的工具書《世界咖啡感官研究大辭典》

感官品評使用的雖然是 SCA 風味輪的修訂版 [102]，但從實用的角度上來看，仍然存在兩個難題，第一個難題是，SCA 風味輪是根據美國人的味覺制定，第二個難題是，只有 SCA 杯測法 85 分以上的咖啡才能感受到好風味，而符合這標準的咖啡少之又少。此外，許多人過度依賴 SCA 風味輪，經常在評估中出現誇張的描述。

世界咖啡研究室的工具書《世界咖啡感官研究大辭典》（*The World Coffee Research Sensory Lexicon*）是一本好書，書中對每個術語賦予定義且重視強度，這是一項創新之舉。但由於它是以美國食品為基礎，在日本和歐洲使用起來很困難。

另外就是它過於專業化，只適合咖啡研究人員和科學家，不適合一般咖啡從業者。

102　2016 年，SCAA（在 2017 年與 SCAE 合併後，為 SCA）參照《世界咖啡感官研究大辭典》修改咖啡風味輪。

② 香氣的術語

　　香氣是我們透過嗅覺的感覺。咖啡的香氣可以分為乾香氣和溼香氣這兩種，「香氣」項目是綜合兩者的評價。

　　咖啡的香氣與味道密不可分，因此在品嚐咖啡時，常將兩者合稱為「香味」。以下是一些我們在試飲講座上描述香氣的常用詞彙，對於不熟悉的人來說或許很困難，但遇到好香氣時，使用「舒服的香氣」、「類似花香的香氣」等說法形容，也就足以表達了。

形容花香（Floral Note）的詞彙			
術語	英文	香氣	屬性
花香	Floral	許多花的甜香	茉莉
果香	Fruity	成熟果實的甜香	多數果實
甜香	Sweet	甜香	焦糖
蜂蜜	Honey	蜂蜜的甜香	蜂蜜
香檸	Citrus	柑橘的清爽香氣	柳橙
草葉	Green	綠草和葉子的清新香氣	葉子、草地
土味	Earthy	土臭味	土壤
草本	Herbal	所有藥草類的香氣	藥草
香料	Spicy	辛香料的刺激香氣	肉桂

以上風味用語出處：1.《香氣的科學》，平山令明著，繁體中文版由晨星出版社於 2020 年出版。2.「アロマパレットで遊ぶ」（用香氣調色盤玩耍），富永敬俊著，葡萄酒王國於 2006 年出版。3.*The Coffee Cupper's handbook*，Ted R. Lingle 著，於 1986 出版。

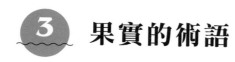

果實的術語

　　最近常聽到有人說「咖啡是一種水果」，有些咖啡確實具有豐富的果香味，例如：藝妓品種、帕卡馬拉品種、SL 品種和衣索比亞產的咖啡。下表是根據講座上試飲肯亞咖啡時，整理與選出的果實系列詞彙。

肯亞產咖啡的試飲講座形容範例（30 人）	
肯亞產區	試飲
基里尼亞加	檸檬、柳橙、有濃縮感且澄淨
基里尼亞加	萊姆、柳橙、番茄、細緻、餘韻帶甜
基里尼亞加	白葡萄、梅子、澄淨且細緻
涅里	李子和香瓜這類的甜味很強
涅里	香氣佳、李子、藍莓、無花果的甜味
涅里	櫻桃、藍莓、李子等的果香
恩布	青葡萄、青梅、番茄
恩布	明亮的酸味、餘韻帶甜
恩布	飽滿的酸味與醇厚度、水果感
奇安布	檸檬、櫻桃、番茄
奇安布	明確的酸味輪廓突顯醇厚度
奇安布	香氣濃郁、華麗的果酸與醇厚度很均衡

質地的術語

　　口感是指口腔觸覺受到刺激所感知到的流動特性；多種成分的綜合體在口腔中產生的濃縮感，稱為質地。本書將質地視為口腔中可感知的物理特性，並當作醇厚感的同義詞使用。每100公克生豆所含的12～18％脂質，被認為對於醇厚感有很大的影響。

　　此外，萃取液中懸浮的微量膠體（油膜和沉澱物）會增添口感的質感，但含量極少。這種感覺非常難以描述，請多注意口腔內感覺到的黏稠度、滑順感、複雜性和厚度等。

質地的詞彙範例

術語	英文	香氣	屬性
乳脂感	Creamy	乳脂般的口感	脂質含量高
沉重	Heavy	味道重	萃取時咖啡粉太多等
輕薄	Light	味道淡	萃取時咖啡粉太少等
滑順	Smooth	滑順	膠體、脂質含量
厚實	Thick	有厚度	溶質多等
複雜	Complexity	味道複雜	多種成分的結合

 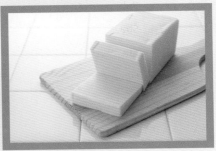

缺點風味的術語

　　這是指咖啡豆在處理過程中因生豆污染、保存過程中成分變質、烘焙缺陷等原因，產生不討喜的負面風味，通常會出現在商業咖啡中，但也可能出現在部分精品咖啡的日曬豆、倉儲不當的生豆或烘焙出錯的咖啡豆上。再者，咖啡抵達日本港口後放久了變質，也常出現「枯草或稻草味」。基本上負面風味是一種不討喜的香味，因此很容易辨別。

缺點風味			
缺點術語	英文	風味	原因
陳年	Aged	抽掉酸、脂質的味道	放久了變質、脂質劣化
土味	Earthy	類似土壤的味道	乾燥過程不佳
穀物	Grain	穀物的味道	烘焙程度過淺
焦味	Baked	燒焦的風味	烘焙時急速加熱
煙燻	Smokey	煙霧的味道	烘焙時排氣不良
發酵	Fermented	不舒服的酸味	熟過頭等、糖變質
平淡	Flat	沒有記憶點的味道	烘焙造成的成分游離
死豆	Quaker	澀味和變質味	未熟豆
橡膠味	Rubbery	類似橡膠的臭味	常發生在剛果種
稻草味	Straw	枯草、稻草的味道	存放過久變質
化學味	Chemical	氯、化學藥品	細菌
霉味	Fungus	發霉的味道	真菌（黴菌）
灰塵味	Musty	灰塵的味道	低地產等

※ 參考 Ted R.Lingle 著作的 *The coffee cupper's handbook*（2000 年版本）的內容製表。

挑選咖啡杯

—2—

　　我個人偏好薄胎白瓷咖啡杯，可以感受咖啡的細膩風味。我經常使用的是丹麥皇家哥本哈根（Royal Copenhagen）、瑞典古斯塔夫斯貝里（Gustavsberg）、德國羅森泰（Rosenthal），以及日本佐賀縣有田燒的杯子。我也常用中世紀（大約在 1950 年左右）現代主義風格的北歐古董咖啡杯，每天使用不同的咖啡杯會讓喝咖啡更有樂趣。

1920 至 1960 年代的日本古董杯

◀ 皇家哥本哈根的杯子

北歐古斯塔夫斯貝里的杯子 ▶

 # 一般人也可以嘗試的咖啡杯測

　　精品咖啡協會的品質評估，是採用生豆等級區分和感官品評兩種方式進行，對於精品咖啡的發展有卓越貢獻。這在咖啡業界原本是專為進口商、烘豆業者等咖啡專業人士設計的方法，並非所有咖啡相關業者都會採用。但我在 2005 年舉辦試飲講座時，也開始教導一般大眾如何使用感官品評表。

　　此外，這種品評方式是針對水洗豆所設計（當時優質的日曬豆還很少），因此針對 2010 年後出現的優質衣索比亞日曬豆、巴拿馬日曬豆，尚無明確的評估標準。再加上現行的評估標準強調水洗豆的華麗酸味，因此，在評估酸味少的巴西咖啡時也有困難。再加上在日常生活中使用這套品評方式太耗時，於是許多國家的出口商、消費國的進口商、烘豆業者等，有了自家更簡便的感官品評表。

　　我使用這個杯測表近 20 年後，開始考慮設計一套更簡單的感官品評法，希望沿襲精品咖啡協會的感官品評理念，又能夠讓一般消費者使用。

2 堀口咖啡研究所的「10分法」品評

　　新的感官品評法追求更高的精確度，也在試飲講座中不斷測試，今後我希望能聽取各位的寶貴意見，將其發展得更加完善。

①沿襲精品咖啡協會杯測法的基本理念，以及精品咖啡協會的標準施行。

②為了讓感官品評更簡單，我們將評估表簡化為 5 個項目，包括澀香氣、酸度、醇厚度、澄淨度和甜度，滿分為 50 分。至於日曬豆的評估，則是將甜度改為發酵（Fermentation）。

③酸度是以 pH 值（酸的強度）和滴定酸度（總酸度）為標準，醇厚度是以脂質含量為標準，甜度是以蔗糖含量為標準，澄淨度是以酸價（脂質劣化）為標準，發酵則以是否有發酵味為標準。

樣本	澀香氣	酸度	醇厚度	澄淨度	甜度	總計	試飲

此方式是：①配合科學數據為評估標準。②目前品評者無須評鑑所有項目，可依自身理解的範圍進行品評，並逐步增加可評鑑的項目。③最終目標是對任何咖啡均可進行品評，不管精品咖啡或商業咖啡，也不管烘焙度或樣本萃取的方式。這套新的感官品評法，暫時命名為 10 分法。

10 分法的評分項目與科學數據之間的關係

評分項目	品評的重點	精品咖啡的科學數據	風味形容
溼香氣（Aroma）	香氣的強弱與品質	香氣成分800	類似花香的香氣
酸度（Acidity）	酸味的強弱與品質	pH4.75〜5.1，總酸度5.99〜8.47ml/100g	清爽、柑橘果酸、華麗的果酸
醇厚度（Body）	醇厚度的強弱與品質	脂質含量14.9〜18.4g/100g 梅納反應化合物	滑順、複雜、有厚度、乳脂感
澄淨度（Clean）	液體是否澄淨	酸價1.61〜4.42（脂質的氧化）、瑕疵豆混入	不混濁、澄淨、有透明感
甜度（Sweetness）	甜味的強度	生豆的蔗糖含量6.83〜7.77g/100g	蜂蜜、蔗糖、餘韻帶甜
發酵（Fermentatio）	發酵味的有無	過熟、發酵味	無發酵味、微帶發酵果肉味、酒精味

評分標準

	10-9	8-7	6-5	4-3	2-1
溼香氣（Aroma）	香氣絕佳	香氣佳	略帶香氣	香氣弱	無香氣
酸度（Acidity）	酸味非常強	酸味舒服	略帶酸味	酸味弱	無酸味
醇厚度（Body）	醇厚度飽滿	有醇厚度	略有醇厚度	醇厚度低	無醇厚度
澄淨度（Clean）	非常澄淨的味道	澄淨的味道	味道偏澄淨	味道略混濁	味道混濁
甜度（Sweetness）	很甜	甜	微甜	甜味弱	無甜味

③ 將國際杯測標準大眾化的「10 分法」

　　SCA 杯測法的評估標準，歷經將近 20 年的使用，已經形成一定程度的評分共識，因此新的品評法在設計時，也考慮到兩者之間的相關性。我檢驗 2020 ～ 2022 年這 3 年間的網路拍競標賣會評分，以及試飲講座中使用新品評法的評分，從大量資料中驗證了兩者之間具有 r=0.7 以上的正相關性。

SCA 杯測法與新 10 分法的評分標準		
10分法	**SCA**	**感官品評的標準**
48～50	95≧	目前可想見的最頂級風味，過去10年間最傑出的風味
45～47	90～94	各產地、品種皆具有極為特色的風味
40～45	85～89	各產地特有的顯著風味
35～39	80～84	風味勝過各產地的商業咖啡，占所有精品咖啡的90%以上
30～34	75～79	缺點相對較少，但風味平庸
25～30	70～74	特徵較弱且略帶混濁
20～25	70≦	酸味和醇厚度較弱，有瑕疵豆造成的混濁感
20≦	50≦	強烈感受到異臭和缺點的風味

※SCA 沒有明確的給分標準，我是根據過去 20 年來使用的個人標準給分。這些指標的制定是根據生豆到港 2 個月內進行的分析結果。

　　從 2021 年 10 月 11 日舉辦的「盧安達風味」競標拍賣會樣本中，我們只選出水洗豆進行品評。這裡的 SCA 杯測法是採納競標拍賣會評審的分數；

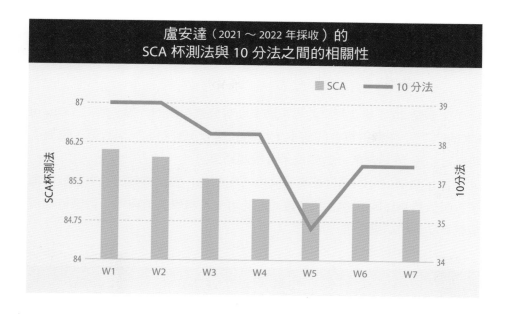

盧安達（2021～2022 年採收）的
SCA 杯測法與 10 分法之間的相關性

■ SCA　　—— 10 分法

新品評法則是採納 16 位試飲講座評審團的分數。競標拍賣會評審分數和試飲講座評審團分數，有相關性系數 r=0.7821 的正相關性。

樣本使用 The Roast 烘焙

盧安達的水洗加工站（上、下）

10 分法與科學數據的相關性

下表是 2021 年 7 月瓜地馬拉國家咖啡協會舉辦的「獨一無二（One of a Kind）[103]」競標拍賣會的樣本，按照品種分，並加上科學數據，也放上新感官品評 10 分法的分數和電子舌檢測結果。

除了酸價以外的項目都具有高度的相關性，因此可確認科學數值與電子舌數值能夠反映感官品評分數。由此可知，科學數值與電子舌數值均可替感官品評的結果背書。

瓜地馬拉（2021 ～ 2022 年採收）				
品種	pH 值	滴定酸度 ml/100g	脂質含量 g/100g	10分法 Score n=16
藝妓	4.83	8.61	16.16	43
帕卡馬拉	4.83	9.19	16.3	45
鐵比卡	4.94	7.69	16.45	41
波旁	4.94	8.03	15.22	39
卡杜拉	4.96	7.54	15.49	38

10 分法的感官品評與科學數值、電子舌數值之間，具有很高的相關性，故可以說 10 分法的評分可以採信。10 分法的分數是 16 位試飲講座評審團的平均值。

103　瓜地馬拉國家咖啡協會（Anacafé）的註冊咖啡農出品的 208 個樣本，由國內外評審採用 SCA 杯測法審查後，分數在 86 分以上的咖啡。

5 10分法與電子舌的相關性

　　在過去的幾次分析中發現，只要是相同處理法的咖啡豆，電子舌的檢驗結果會顯現合理的數字，只要感官品評的分數也落在適當範圍內，兩者之間就存在相關性。

　　但若是混合不同處理法的咖啡豆（例如：水洗豆和日曬豆等），檢驗數字就可能會出現分歧。此外，試飲講座評審團對於日曬豆的感官品評意見有時會不一致，也可能導致其與電子舌檢驗結果沒有相關性。

　　下圖使用的是哥斯大黎加微型處理廠5個不同品種的樣本，10分法和電子舌的數值如下表所示，相關性系數為 r=0.8510，正相關性強；電子舌的數據應可以讓感官評價更加完整。

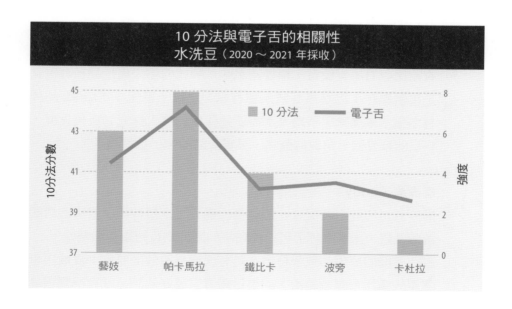

6 咖啡風味的評分標準與形容詞彙

1 **溼香氣（Aroma）**

咖啡的香氣是多種香氣的複合體，很難用單一詞彙來形容，使用「舒服的香氣、花香、果香」這種描述就夠了。

2 **酸度（Acidity）**

評估咖啡的酸味是否強烈及酸味的種類。相同緯度的產地，海拔較高的產區日夜溫差大，更容易產生酸味，如果精品咖啡的酸味愈明顯，也更容易感受到柑橘類的果酸（檸檬酸），好的咖啡就是要能夠感受到多種水果酸味。使用「清爽的酸味、飽滿的酸味、舒服的酸味、類似柳橙的甜酸味」等形容就足夠。

如果想要感受更複雜的細微差別，可以想像水果的味道。比方說，衣索比亞 G-1 有藍莓、檸檬茶風味；華麗的帕卡馬拉品種有覆盆子果醬風味；巴拿馬藝妓品種有鳳梨、桃子風味；肯亞 SL 品種有多種水果風味。不過，不需要勉強自己深入探究到這種程度，只要能感受到「華麗的酸味、果實般的酸味」也就夠了。

3 **醇厚度（Body）**

醇厚感是口腔中的觸感，也就是由觸覺（末梢神經）帶來的滑順感等感覺，末梢神經很可能把咖啡的固態物質判斷為黏稠性。蘇門答臘的原生品種曼特寧，具有天鵝絨般的醇厚度；夏威夷可娜產的鐵比卡輕盈絲滑，如果這兩者質感好的話，就會得到很高的評價。請記住掌握含在嘴裡時「滑順、味道複雜、味道厚實」的感覺。優質的葉門咖啡會給人巧克力般的滑順口感，就像「鮮奶油比牛奶更滑順，橄欖油比水更滑順」。

4 澄淨度（Clean）

入口後的透明感印象，感覺澄淨且不混濁。若瑕疵豆混入過多，萃取液就會變得混濁；高海拔產區的咖啡豆、密度較高的咖啡豆萃取液往往較透明。生豆的酸價數字（脂質氧化、劣化）低者，風味也較不會混濁。

正面評價有「澄淨的風味、透明度高、杯底乾淨」，而負面的評價則是「混濁、灰塵味、土味」。

5 甜度（Sweetness）

生豆的蔗糖含量會影響咖啡的甜度。烘焙會導致蔗糖含量減少98.6％，但是也會產生甜香成分，這些成分進入口腔就會感覺到甜味。喝咖啡時，如果含在嘴裡和吞下後的餘韻都能感受到甜味，就會獲得較高的評價。甜味的種類很多，例如：「舒服的甜味、蜂蜜般的甜味、楓糖漿般的甜味、柑橘甜味、砂糖般的甜味、黑糖般的甜味、巧克力般的甜味、桃子般的甜味、香草般的甜味和焦糖般的甜味」等。

6 發酵（Fermentation）

咖啡的處理過程中，如何抑制發酵非常重要。水洗處理法的咖啡，在果實採下後應立即去除果肉，並在水槽中浸泡適當時間，使果膠層完成發酵。採用日曬處理法的咖啡則應該避免太陽直射，利用攪拌或在低溫環境下曬乾，以抑制發酵。以前的便宜日曬豆通常帶有發酵味。

無發酵味、細緻的優質咖啡豆評價較高，會以「紅酒風味、果香馥郁」等形容；有「乙醇味、酒精味、發酵果肉味」等發酵味的咖啡豆，評價通常低。

1 首先，認識 6 種咖啡風味

　　咖啡的風味大致上可分為 6 類，第一步要先理解它們之間的差異。這 6 種包括水洗精品咖啡、日曬精品咖啡、水洗商業咖啡、日曬商業咖啡、巴西咖啡、剛果種。認識這些風味的差別，是掌握咖啡風味的基礎。

　　在我的初級試飲講座中會進行這裡介紹的感官品評，對於初學者來說可能有些困難，但這也是了解什麼是美味咖啡的第一步。下圖是除了日曬商業咖啡以外的 5 種咖啡進行電子舌檢測的結果，在試飲講座中進行的感官品評和電子舌的相關性系數為 r=0.9398，正相關性極強。

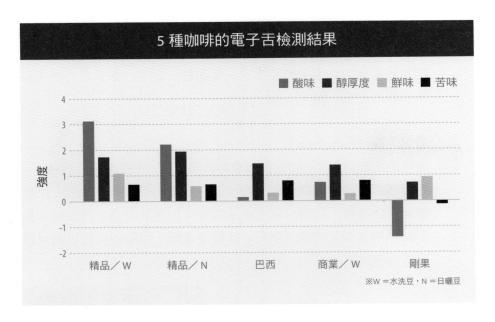

　　精品咖啡不論是水洗豆或日曬豆，在 SCA 杯測中都獲得 85 分以上的高分，屬於優質咖啡。巴西商業咖啡和水洗商業咖啡的評分則為 75 分左右。由於巴西也有精品咖啡，所以請各位不要看了這張圖表就以為巴西咖啡的品質不佳。

▍精品／水洗

除了國名之外，還標示了產區、咖啡莊園、品種、處理法等資訊。例如：瓜地馬拉安提瓜產區〇〇莊園波旁水洗豆等。這些咖啡的價格通常偏高，但香氣濃郁，酸味和醇厚度比商業咖啡更顯著。

▍商業／水洗

許多咖啡豆只標示國名和出口規格，例如：哥倫比亞特選級、瓜地馬拉 SHB 等，因此無從得知產區和品種。特色是風味特徵較弱，有時還會感覺混濁。

▍精品／日曬

除了國名之外，還標示了產區、咖啡莊園（小農）、品種、處理法。例如：巴拿馬博克特產區〇〇莊園藝妓品種等。這種咖啡的風味澄淨，發酵味少，果香馥郁。

▍商業／日曬

主要標示國名和出口規格。例如：衣索比亞 G-4 等多數都是如此。風味混濁，有發酵味。

▍巴西／精品、商業

精品咖啡會的標示如「喜拉朵產區〇〇莊園新世界品種等」，但商業咖啡只標示出口規格，例如：「巴西 No.2」。

精品咖啡隱約帶有酸味且混濁程度少，而商業咖啡的酸味弱，略帶泥土味且有混濁感。

▍剛果種

主要是用於即溶咖啡和工業產品。通常與阿拉比卡種咖啡豆混合成綜合咖啡，當作價格低廉的普通咖啡。無酸味，味道沉重，帶有燒焦的麥茶風味。

實際挑戰感官品評

　　我們在 2022 年 4 月的試飲講座進行了一場感官品評，當時使用的樣本是同年 3 月前到港，並當成精品咖啡流通的 4 種蘇門答臘林頓產區的曼特寧，以及坦尚尼亞北部 4 座咖啡莊園的新收成（New Crop）咖啡豆。

曼特寧及坦尚尼亞咖啡的電子舌檢測結果 （2021 ～ 2022 年採收 評審 16 人）							
樣本	香氣	酸度	醇厚度	澄淨度	甜度	總計	試飲
曼特寧1	8	8	8	8	8	40	有酸味、有醇厚度，經典蘇門答臘咖啡風味
曼特寧2	8	8	7	8	7	38	有林東產區的曼特寧風味，但醇厚度略薄
曼特寧3	8	8	8	8	8	40	青草、草地、樹香、滑順、微草本、經典曼特寧風味
曼特寧4	7	6	6	6	7	34	酸味少、風味偏重、混濁感強
坦尚尼亞1	7	6.5	7	7	7	34.5	明亮酸味、烤麵包、微混濁
坦尚尼亞2	8	8	7	8	8	39	花香、澄淨、餘韻帶甜、柑橘果酸
坦尚尼亞3	7.5	7.5	7	7.5	7.5	37	葡萄柚的酸味
坦尚尼亞4	7.5	8	7	8	7.5	38	花香、澄淨的酸味、優質坦尚尼亞

※ 全新 10 分法的 35 分 =SCA 杯測法的 80 分；40 分 =SCA 杯測法的 85 分。

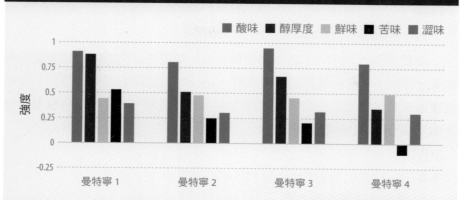

曼特寧（2021～2022年採收）的電子舌結果

圖例：酸味 ■ 醇厚度 ■ 鮮味 ■ 苦味 ■ 澀味

縱軸：強度
橫軸：曼特寧1　曼特寧2　曼特寧3　曼特寧4

曼特寧1～3的酸味與醇厚度均衡，判斷為精品咖啡，電子舌檢測的風味模式也相似。但曼特寧4的風味重、混濁，推測應該是卡帝汶系列的阿藤品種而評分很低。最頂級的曼特寧有獨特的曼特寧風味（熱帶水果、檸檬等酸味強、青草、檜木、杉樹香氣），得分甚至可以超過45分（SCA杯測法的90分），但這裡使用的樣本沒那麼有個性。感官品評和電子舌的相關性係數達到 r=0.9038，正相關性極強。

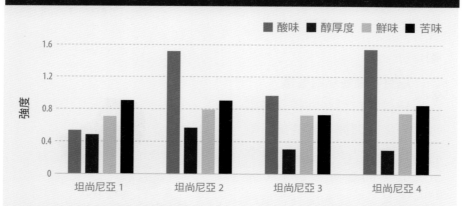

坦尚尼亞（2021～2022年採收）的電子舌結果

圖例：酸味 ■ 醇厚度 ■ 鮮味 ■ 苦味 ■

縱軸：強度
橫軸：坦尚尼亞1　坦尚尼亞2　坦尚尼亞3　坦尚尼亞4

坦尚尼亞咖啡在不同採收年的品質也不同。這裡使用的4種咖啡豆儘管沒有強烈個性，但也沒有缺點風味，可稱得上是溫和類的好咖啡。坦尚尼亞2、3、4有清爽柑橘酸味，但達不到40分（SCA杯測法的85分）；坦尚尼亞1的酸味弱，風味略顯不足。感官品評和電子舌的相關性係數為 r=0.9747，正相關性極強。只要累積更多的經驗之後，就能夠了解各樣本的風味差異。

③ 味覺開發訓練法

　　味覺是後天形成的，所以經驗很重要，如果可以的話，請儘量每天喝咖啡，造訪各咖啡店或自己沖煮咖啡，用任何方式萃取咖啡都無妨，邊喝邊留意風味，你也能夠漸漸體會到咖啡風味的差別。大家可以嘗試看看以下 11 項鍛鍊味覺敏銳度的建議。

1 ｜ 選喝風味絕佳的咖啡

一旦習慣喝優質的精品咖啡，首先就會注意到香氣強弱的不同。舒服的酸味、乾淨的咖啡液等，也能夠讓你逐漸體會到精品咖啡與商業咖啡的風味差別。儘管價格偏高，但請別吝於嘗試精品咖啡。

2 ｜ 培養嗅聞香氣的習慣

請盡量自己磨咖啡豆，第一步先聞聞粉的香氣（乾香氣），接著也聞聞萃取出的咖啡液香氣（溼香氣）。能夠聞到香氣的咖啡通常都是好咖啡。保持這個習慣，就能夠憑感覺了解咖啡香氣的不同。

3 試喝不同烘焙度的咖啡

即使是中度烘焙，各烘豆業者與店家的烘焙度也存在差異。城市（中深焙）酸味會降低，風味也會變得不同。飲用時可對照咖啡豆與咖啡粉的顏色，記住不同烘焙度的風味。

4 比較不同處理法的咖啡

你可以購買衣索比亞耶加雪菲的水洗豆與日曬豆，水洗豆有柑橘果實等的風味，日曬豆則是水果與紅酒風味較強。

5 比較哥倫比亞咖啡與巴西咖啡

哥倫比亞咖啡是水洗處理法，如果是精品咖啡，就會有柳橙般清爽的柑橘果酸（pH4.9／中度烘焙），但巴西咖啡的酸味偏弱（pH5.1／中度烘焙），而且餘韻的口感略粗糙。飲用時要注意酸味的表現。

6 試喝不同產地的咖啡

不同生產國的咖啡，風味也不同。盡量嘗試不同生產國的咖啡，即使同一生產國，不同產區、品種、處理法等也有差異。此外，每年持續喝咖啡，也能夠體驗到不同年分的風味有別。

7 試飲比較商業咖啡與精品咖啡

商業咖啡缺乏個性強烈的風味，因此有時無法喝出是哪個國家的咖啡。精品咖啡的風味別具特色，較容易喝出風味差異。

8 分辨新鮮風味與不新鮮風味的差別

生豆的成分會隨著時間而變質。舉例來說，到港後的瓜地馬拉咖啡在 5 月時喝，與在隔年 3 月（即期品）購買喝到的風味就有差異。5 月喝的時候，脂質已經開始劣化，會有類似枯草的風味。

9 | 以鐵比卡品種的風味為標準

請務必試試鐵比卡品種的咖啡，這種咖啡的纖維質軟（豆質軟），到港後很快就會不新鮮，不過優質的鐵比卡有清爽的酸味和恰到好處的醇厚度，且餘韻帶甜，是喝起來輕盈的咖啡。各位如果遇到優質的鐵比卡，請記住它的風味。

10 | 認識咖啡之外的其他休閒飲品

喝自己喜歡的酒品（葡萄酒、日本酒、威士忌、燒酒、啤酒）、茶飲（煎茶、紅茶、中國茶），或在吃巧克力（不同產區、可可含量）時，請專注在分辨風味上，這對於了解咖啡的風味也很有幫助。

11 | 多吃水果

精品咖啡的風味特色就是果香的細微差異，所以吃水果熟悉果香風味對於品嘗咖啡也很重要，我每天都會吃各種水果。

後記

　　咖啡的風味很多樣化，不可能瞬間就能理解，若要做到客觀試喝、給出適當的評語，必須累積許多喝咖啡的經驗，經常嗅聞粉香（乾香氣），嗅聞萃取液的香氣（溼香氣），喝下一口的瞬間思考有哪些特色風味，味覺才會被開發。請各位一步步提升自己的味覺，直到能夠感測美味。

　　咖啡是一種休閒飲料，只要自己覺得好喝就好，不過本書是要告訴各位「好喝也有不同等級」、「品質帶來美味」。從 1990 年代我開始這份工作起，咖啡的風味經歷過 2000 年代、2010 年代、2020 年代的巨大改變，已經變得多樣化，才有了現在「更好喝的咖啡、新風味的咖啡」。

　　咖啡的風味很複雜，我們還有許多不清楚的地方，本書是筆者以個人經驗為前提提筆寫下，所以文章有些看法很主觀，也期待各位批評指教，以待再版時補充修正。

　　寫這本書時，我本來想大談咖啡，但咖啡研究正在細分化、專業化，因此書中沒有提到咖啡的發現、伊斯蘭世界傳到歐洲的飲用史、傳到日本的歷史、咖啡與健康、農學、基因、病蟲害、氣候變遷等諸多領域。本書雖然書名說是基礎，但並不算是有系統的咖啡知識，這點尚請各位見諒。

2023 年吉日

堀口俊英

試飲講座

萃取講座

滿足館 074

教父級精品咖啡聖經

氣候變遷之下，從選豆到萃取的全新賞味細節，
掌握未來咖啡的品飲門道

作　　者：堀口俊英
譯　　者：黃薇嬪
責任編輯：賴秉薇
視覺設計：謝捲子 @ 誠美作
內文設計、排版：王氏研創藝術有限公司

總 編 輯：林麗文
主　　編：高佩琳、賴秉薇、蕭歆儀、林宥彤
執行編輯：林靜莉
行銷總監：祝子慧
行銷企畫：林彥伶

出　　版：幸福文化／遠足文化事業股份有限公司
地　　址：231 新北市新店區民權路 108-3 號 8 樓
電　　話：(02) 2218-1417
傳　　真：(02) 2218-8057

發　　行：遠足文化事業股份有限公司（讀書共和國出版集團）
地　　址：231 新北市新店區民權路 108-2 號 9 樓
電　　話：(02) 2218-1417
傳　　真：(02) 2218-1142
客服信箱：service@bookrep.com.tw
客服電話：0800-221-029
郵撥帳號：19504465
網　　址：www.bookrep.com.tw

法律顧問：華洋法律事務所 蘇文生律師
印　　製：凱林彩印股份有限公司
電　　話：(02) 2974-5797

初版一刷：2024 年 9 月
定　　價：560 元

國家圖書館出版品預行編目 (CIP) 資料

教父級精品咖啡聖經：氣候變遷之下，
從選豆到萃取的全新賞味細節，掌握
未來咖啡的品飲門道／堀口俊英著；黃
薇嬪譯 .-- 初版 .-- 新北市：幸福文化
出版：遠足文化事業股份有限公司發
行，2024.09
　面；　公分
ISBN 978-626-7532-14-0(平裝)

1.CST: 咖啡

427.42　　　　　　　　113010975

ATARASHII COFFEE NO KISOCHISHIKI: ELEMENTARY KNOWLEDGE OF COFFEE : SHIRITAIKOTOGA SHOHOKARA
MANABERU HANDBOOK by Toshihide Horiguchi
Copyright © 2023 Toshihide Horiguchi
All rights reserved.
First published in Japan by SHINSEI Publishing Co., Ltd., Tokyo.
This Traditional Chinese edition published by arrangement with
SHINSEI Publishing Co., Ltd., Tokyo in care of Tuttle-Mori Agency, Inc., Tokyo
through Keio Cultural Enterprise Co., Ltd., New Taipei City.